UI设计与认知心理学

郑昊 编著

電子工業出版社
Publishing House of Electronics Industry
北京·BEIJING

内 容 简 介

新兴的设计类别都是以科学技术的发展为前提的，比如，印刷设计以化学印刷术的进步为基础，工业设计以工业流水线的批量制造生产为基础，现代服装设计以化学纤维技术和现代纺织技术为基础。

UI 设计是以现代计算机技术为基础的新兴设计学科，那么什么样的设计理论可以支撑新兴的 UI 设计呢？与所有传统的设计不同，UI 设计是非物质性的虚拟的设计方式，只与人的直接认识与感知相关，而不涉及实体的存在，所以，设计研究的方向，第一次从研究客观世界的物彻底转向了主观世界的人。

人觉知世界的方式，就是认知领域相关知识可以产生作用的方式，也就是可以合理地支撑 UI 设计的理论基础。本书以认知心理学、认知神经学的相关知识为基础，尝试从全新的视角解决新兴的 UI 设计所面临的重要问题，促使 UI 设计变得更为合理。

本书的适用人群主要为 UI 设计师、交互设计师、用户研究员，以及用户体验领域相关的从业人员与设计爱好者。通过本书的学习，读者可以从全新的视角理解 UI 设计的本质，进而理解设计的本质。

图书在版编目（CIP）数据

UI 设计与认知心理学 / 郑昊编著 . -- 北京 : 电子工业出版社 , 2019.9

ISBN 978-7-121-29519-5

Ⅰ . ① U… Ⅱ . ①郑… Ⅲ . ①人机界面 – 程序设计 – 应用 – 认知心理学 Ⅳ . ① B842.1

中国版本图书馆 CIP 数据核字 (2019) 第 051583 号

责任编辑：田　蕾　　特约编辑：刘红涛

印　　刷：北京捷迅佳彩印刷有限公司

装　　订：北京捷迅佳彩印刷有限公司

出版发行：电子工业出版社

北京市海淀区万寿路 173 信箱　　邮编：100036

开　　本：720×1000　1/16　印张：18.75　字数：484 千字

版　　次：2019 年 9 月第 1 版

印　　次：2024 年 7 月第 7 次印刷

定　　价：89.90 元

凡所购买电子工业出版社图书有缺损问题，请向购买书店调换。若书店售缺，请与本社发行部联系，联系及邮购电话：（010）88254888，88258888。

质量投诉请发邮件至 zlts@phei.com.cn，盗版侵权举报请发邮件至 dbqq@phei.com.cn。

本书咨询联系方式：（010）88254161 ~ 88254167 转 1897。

从操作层面学习 UI 设计，只能是知其然而不知其所以然。设计的过程是逻辑思考的过程，那么 UI 设计背后的逻辑是什么？逻辑的起点是什么？作者结合自己在互联网企业多年工作中遇到的问题，以及自己的思考与实践，基于认知心理学，探索用户认知的特性和 UI 设计背后的逻辑链条。

——孙远波 北京理工大学设计与艺术学院教授 博士生导师

本书是一本 UI/UX 设计的理论指南，无论未来人机设备的交互形态如何进化，本书都可作为理论依据让设计师有据可循。

——汤成信 人人网前设计总监、站酷前高级设计总监

本书以认知心理学为背景，从 UI 设计的本质谈到 UI 设计的过程，细致地讲解了认知心理学和 UI 设计之间的关系，以及认知心理学是如何影响 UI 设计的方方面面的。

——李晴 搜狗高级设计总监

设计师想解决需求问题，一定要从本源出发，把认知领域的理论运用在设计上，不断地验证、积累，形成思维模式，以一种更科学的方式来做设计，钻研设计。作者用 5 年的时间沉淀了一本好书，力荐所有热爱设计的人拿来阅读。

——李丽 搜狗高级设计经理

搜狗搜索用户体验部力荐图书 

前　言

本书从开始筹划到出版，前后经历了近 5 年的时间，促使我开始思考编写本书是 5 年前在实际工作中出现的困境。作为一个交互设计师，要完成产品设计，就需要事先做出规划，比如，产品的信息结构、控件按钮的位置与形态等。这些规划的根据是什么呢？比如，为什么要将导航条放在左上角而不是右上角？为什么信息层级的设定在 WAP 端是三级，而在 Web 端是两级？交互设计师作为承上启下的环节，还需要向上对产品经理证明这样的设计比产品经理的构想更为合理，向下对视觉设计师说明设计的内在逻辑，以及视觉层面需要注意的关键点。这些都指向了第一个问题：

1. UI 设计的理论基础是什么？

每个用户体验设计师在每天的工作中都会遇到这样的问题：设计的基准和原理是什么？如何说明？如果仅从个人经验或者成功案例的角度去回答，有时或许是有效的，比如某某类似的产品具有某某类似的功能，那么类似的设计就是合理的。但是，如果面对一个全新的产品，或者面对一个不能进行有效类比的场景（不同性质或者不同平台的产品），那么经验就不产生作用，类比逻辑也失去了有效性，设计该如何进行？

我们需要一种全新的语言范式（相关理论的概念和原理），来与上下游的合作伙伴进行沟通，说明设计的道理，并且互相探讨设计的好坏。这种讨论可以不是完全依赖经验的，可以面对不曾出现的产品和场景，是演绎逻辑与一般规律的。对于这个问题，我们可以从认知方面的相关理论开始，通过对实践案例的讨论展开。

除此之外，还有第二个棘手的问题：

2. 如何证明设计师在需求转变为产品过程中的价值？

显然第二个问题是依赖于第一个问题的。首先，我们必须通过认知原理来证明设计的合理性。其次，我们要证明具有这种合理性的判断能力的高效性和稀缺性，以及这种能力所带来的价值。构成这种合理性的判断能力需要两部分内容，一部分是合理的知识，可以通过本书和读者的自学获得；第二部分是实践，需要在真实的项目中反复锤炼（本书对训练的方法也进行了适当的说明）。

证明稀缺性是指获得合理的判断力是需要付出艰辛的努力的，需要思考、学习、反复实践，并不是一蹴而就的。由此可知，获得认知不是一件“容易的事情”，因为这涉及到格式塔心理学、认知心理学、认知神经学，甚至数学等相关知识。实践则是一件更困难的事情，它的困难在于任何真实项目都需要真实的资源，一个 APP 或者一个网页项目都需要大量的技术人员，以及相应的服务器带宽支持，这种实践的机会是稀缺的，尤其对于没有任何实践经验的新手或学生而言。

证明判断能力所带来的价值就是证明认知领域的理论切实地提高了设计的速度和质量，相应的语言范式切实地提高了沟通的效率和质量，如果读者读过此书并且将书中的设计思想运用在设计之中，并且将这种语言范式推广到合作的上下游，则一定会证明这一点。

本书的写作目的是解决设计师面临的职业困境，方法是通过实际的场景和事例来探讨 UI 设计的认知理论基础。本书并不是也不可能集合所有完备的知识，认知领域的知识涉及领域众多，如神经学、心理学、生物学、医学、计算机科学等，同时也是现代研究领域的热点，不是作者个人能力可以穷尽的。编写本书更多的是希望将读者引入认知的领域，进行更深入的思考和挖掘，共同夯实 UI 设计的基础，共同提高设计的效率和价值。

目　录

09 如何在 UI 中引导注意力——自上而下

10 创造是模因的正迁移

11 设计的训练

12 从拟物到扁平——信息认知的平衡定律

13 人工智能与 UI 设计——智能的本质

14 人工智能与 UI 设计—— 应用

15 从 VR 到 5G —— UI 设计的未来形态

16 认知世界与自我

附录 A 引用的学说、理论与实验

认知是UI设计的本源问题

01

1.1 为什么英文版面看上去更简洁

大多数设计师都会有这样的困惑：一个网页，用英文排版的版面看上去比用汉字排版的版面更简洁，如下图所示为苹果公司介绍 iPhone X 参数对比的网页截图。

Display

5.8″

Super Retina HD display
5.8-inch (diagonal) all-screen OLED Multi-Touch display
HDR display
2436-by-1125-pixel resolution at 458 ppi
1,000,000:1 contrast ratio (typical)
True Tone display
Wide color display (P3)
3D Touch
625 cd/m2 max brightness (typical)
Fingerprint-resistant oleophobic coating
Support for display of multiple languages and characters simultaneously

The iPhone X display has rounded corners that follow a beautiful curved design, and these corners are within a standard rectangle. When measured as a standard rectangular shape, the screen is 5.85 inches diagonally (actual viewable area is less).

英文版面

显示屏

5.8 英寸

超视网膜高清显示屏
5.8 英寸 (对角线) OLED 全面屏多点触控显示屏
HDR 显示
2436 x 1125 像素分辨率, 458 ppi
1,000,000:1 对比度 (标准)
原彩显示
广色域显示 (P3)
三维触控
625 cd/m2 最大亮度 (标准)
采用防油渍防指纹涂层
支持多种语言文字同时显示

iPhone X 显示屏采用曲线优美的圆角设计，四个圆角位于一个标准矩形内。按照标准矩形测量时，屏幕的对角线长度是 5.85 英寸 (实际可视区域较小)。

汉字版面

要弄清楚这一点，先看一下汉字的书写过程，比如，练习书法时写的“永”字，就蕴含 8 种书法技巧，被称为“永字八法”。

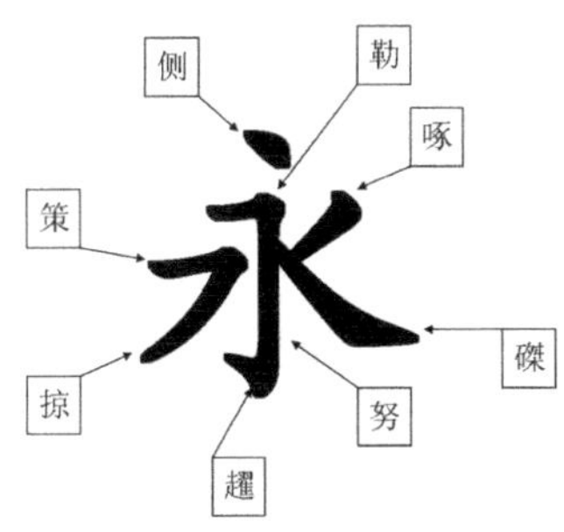

永字八法

与汉字相对比，英文字母中非衬线体的 E、F、H、I、L、T，仅仅是由不同数量或长度的垂线段构成的。

汉字与英文字母分别是两种语言最小的书写单位，当它们组成各自语言的视觉内容的时候，就是人们看见的文字版面。下面来看两种文字排出的版面，如下图所示。

In 1815, M. Charles-Francois-Bienvenu Myriel was Bishop of Digne.He was an old man of about seventy-five years of age; he had occupied the see of Digne since 1806.

Although this detail has no connection whatever with the real substance of what we are about to relate, it will not be superfluous, if merely for the sake of exactness in all points, to mention here the various rumors and remarks which had been in circulation about him from the very moment when he arrived in the diocese. True or false, that which is said of men often occupies as important a place in their lives, and above all in their destinies, as that which they do. M. Myriel was the son of a councillor of the Parliament of Aix; hence he belonged to the nobility of the bar. It was said that his father, destining him to be the heir of his own post, had married him at a very early age, eighteen or twenty, in accordance with a custom which is rather widely prevalent in parliamentary families. In spite of this marriage, however, it was said that Charles Myriel created a great deal of talk. He was well formed, though rather short in stature, elegant, graceful, intelligent; the whole of the first portion of his life had been devoted to the world and to gallantry.

一八一五年，迪涅的主教是查理·佛朗沙·卞福汝·米里哀先生。他是个七十五岁左右的老人；从一八〇六年起，他已就任迪涅区主教的职位。

虽然这些小事绝不触及我们将要叙述的故事的本题，但为了全面精确起见，在此地提一提在他就任之初，人们所传播的有关他的一些风闻与传说也并不是无用的。大众关于某些人的传说，无论是真是假，在他们的生活中，尤其是在他们的命运中所占的地位，往往和他们亲身所作的事是同等重要的。米里哀先生是艾克斯法院的一个参议的儿子，所谓的司法界的贵族。据说他的父亲因为要他继承那职位，很早，十八岁或二十岁，就按照司法界贵族家庭间相当普遍的习惯，为他完了婚。米里哀先生虽已结婚，据说仍常常惹起别人的谈论。他品貌不凡，虽然身材颇小，但是生得俊秀，风度翩翩，谈吐隽逸；他一生的最初阶段完全消磨在交际场所和与妇女们的厮混中。

Arial 非衬线体　　苹方-简 非衬线体

文字内容节选自《悲惨世界》

在行间距差不多的情况下，汉字的大段文字占用的空间确实比英语少。

一个汉字的视觉信息是一个英文字母的几倍，那么相同版面中的汉字信息同样会是英文信息的几倍，英文版面的视觉信息密度比汉字版面的少得多，这就是英文版面看上去比汉字版面更简洁的原因。

通过从信息疏密的角度发现的这一排版的规律，可以发现，如果从更广的角度来思考设计，就会发现，设计的本质就是在解决信息的认知问题。

1.2　设计的本质

一方面，设计处在“人—人造物—自然”认知过程的中间位置，因此设计的第一个基本作用就是要使“人—人造物”之间的信息传递变得更为有效，这种作用可以称为“示能性”，也就是说，形态要指示功能的使用方式和过程。

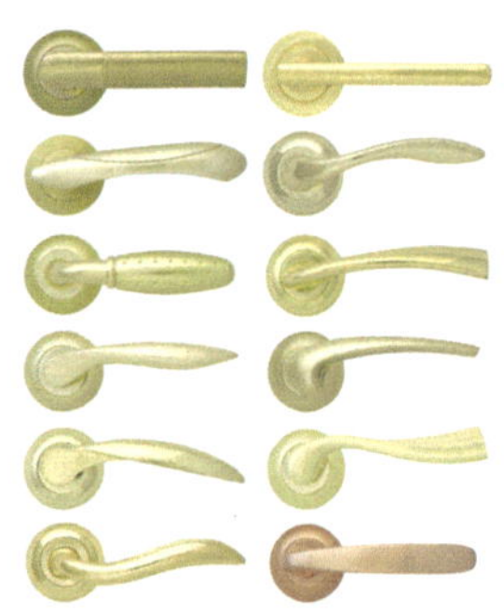

门把手的设计焦点就是通过手柄的形态来交待使用方式

在 UI 设计中，“示能性”以虚拟的方式指示产品的使用方式和功能。

iPhone 早期滑动解锁界面

从实体播放器上抽象出的 icon

另一方面，人是社会化动物，人不仅要与自然沟通，而且要与自己的同类沟通，设计也处在“人—人造物—他人”认知过程的中间位置，因此设计的第二个基本作用就是要在“人造物—他人”之间传递标签化的身份信息，完成“自我定位”。

法国巴洛克皇宫和中国明清皇宫的设计焦点都是表现主人尊贵的身份

在 UI 设计中，自我定位的需求同样通过视觉上的个性化设计来满足。

搜狗输入法的各种根据用户喜好设计的皮肤

所以，从这两方面来看，设计的本质就是解决信息的认知问题。

1.3 互联网产品的本质与 UI 设计的本质

1 对信息获取过程的优化

从信息的角度看，互联网产品本质的第一个方面是：对信息获取过程的优化。它主要有以下两种方式：

① 降低获取信息的成本。降低获取信息的成本有两种方式，一是消除信息不对称，二是直接降低信息的流通成本。对于消除信息不对称，如基于地理位置的服务（Location Based Services，LBS），原来只有在视野范围内才能打车，并且只有通过司机对路程的掌握才能知道自己没去过的餐馆的位置，而现在拿着带有 LBS 功能的手机就可以找到视野范围内，如拐角的汽车或者餐馆。除了 LBS 服务，消除信息不对称还可以表现为解决信用机制问题，当你去原来没去过的传统商店买东西，并不知道店铺卖的是真货还是假货，而电子商务通过反复交易的评价系统构建的信用体系解决了部分信用问题。直接降低信息的流通成本是互联网产品的基本属性，是由技术进步直接影响的，比如 IM 软件（即时通信软件）、视频网站、直播软件等。

② 优化信息的质量。优化信息质量也有两种途径，第一是优化信息排序，比如，针对搜索结果的排序和针对 feed 流（持续更新并呈现给用户内容的信息流）的排序，这两种基本服务遍及电子商务网站、社交软件等产品之中。第二是通过社交关系过滤信息，这是社交网站不同于其他互联网产品

的本质特点之一，社交产品通过关系链中的人来过滤信息，也就是说无论是朋友圈还是 Facebook，朋友关心和感兴趣的话题一般也是自己关心和感兴趣的，朋友在生成或者转发信息的时候过滤了信息本身，提高或者保证了曝光出来的信息的质量。社交产品的本质就是利用人们自身就是信息的产生源和过滤源，来优化信息的质量及产生用户原创内容（User Generated Content，UGC）。

2 对生成信息过程的易化

互联网产品本质的第二个方面是对生成信息过程的易化。

传统的信息流通方向是自上而下，媒体精英控制传媒渠道，把信息向下分发，信息的载体是报纸、期刊、杂志、文学作品或者专业著作等。互联网的出现，使信息自下而上、自下而下地流通成为可能。UGC 就是对人人皆可输出信息的表达，从早期的 BBS、社交网络的网红、微博的大 V、视频的弹幕，到直播平台的主播，信息的消费者也可以参与信息的生成和传播。

总之，一个互联网产品往往是几种机制产生的复合体，如下表所示。

	社交产品	**电子商务**	**搜索**	**LBS 工具软件**	**输入法**	**新闻**	**摄影（不包社交功能）**	**音乐工具 / 视频网站**	**直播平台**
消除信息不对称	不明显	有	有	有	无	不明显	无	无	不明显
降低信息流通成本	有	有	有	有	有	有	有	有	有
优化信息排序	有	有	有	有	不明显	有	不明显	不明显	不明显
社交过滤信息	有	不明显	无	无	无	不明显	不明显	不明显	不明显
UGC	有	不明显	无	无	无	不明显	有	有	有

3 UI 设计的本质

设计的目标是方便信息在人与事物或人与人之间的流通，是针对已有事物的优化；互联网产品的本质是优化和易化信息的获取，将二者结合就产生了基于虚拟世界的 UI 设计。

UI 设计的本质就是解决虚拟世界的信息传递问题，以此优化互联网产品的本质——对信息获取过程的优化与对信息生成过程的易化。

1.4 UI 设计与传统设计的区别

1 信息的单次传递与传统设计对形态的关注

传统设计是对现实世界提供的材料进行加工，所以设计的最终形态是以实物的形式确定下来的，如印刷品、衣物、工业产品和建筑。

以实物的形式确定的产品形态只能以相对固定的方式向用户传递视觉或者触觉信息，除了实物的磨损对设计产品的改变，这种信息是相对固定的、单次的。这就意味着如果设计出现瑕疵，那么在反复使用的过程中，瑕疵就会反反复复对用户产生干扰。反过来，如果设计完美，那么在多次的体验过程中，用户也会反反复复赞叹设计的优秀。

传统设计传递给用户的视觉信息是首要的、非接触的，要表达产品的使用方式、产品的优良质地，还要具有其专属的美感，所以传统设计的核心焦点之一就是设计物的形态。

2 心理张力

对于 UI 设计而言，信息的传递过程和关注点与传统设计不同，下面先从两则有趣的故事开始。

第一则：未完成的钢琴曲

有一个音乐家，他非常喜欢赖床。他的妻子想了一个办法，在丈夫赖床的时候在钢琴上弹奏一首曲子，在弹到最为精彩的部分时突然停下。于是，为了听完曲子，音乐家无可奈何地爬起来弹奏剩下的部分，而这时他也睡不着了，妻子则达到了她的目的。

第二则：健忘的服务员

一天，格式塔心理学家勒温和弟子在咖啡馆聊天。聊了一段时间之后，他们买单结账。勒温觉得这里的餐点比较美味并且想记下来， 于是，他们找到服务员，询问他们点了什么，然而服务员却完全忘记了他们所点的餐点。

人们在没有完成一个任务的时候会一直想着这个任务，而如果完成了这个任务，那么对这个任务的记忆很快就会烟消云散。这样的情景引起了勒温的思考，因此他提出了基于场论心理张力概念的“需求—紧张”假设。

需求引起活动，以便使需求获得满足。当一个人有一定的动机或者需求时，在人的身体内部就会出现一个紧张系统，这个系统随着需求的满足或目标的实现就会趋于松弛，或解除紧张状态；反之，如果需求得不到满足或受到阻碍，这个紧张系统就会继续保持下去，并促使人努力满足需求。当任务需求得到满足后，紧张的状态得到放松，服务员的记忆内容就消退了；而若任务未完成，张力会强化人们对目标的感受，于是音乐家会爬起来弹琴。

人们的每个行为实际上都处在一个巨大张力下——如何生存。在生存的需求下，人们面临的是细分的小任务，如学习、工作、休闲等。每一个小的任务会分解出更小的任务，比如，在网上买一本书、打车到公司、订购餐饮等，这些小任务中的每个节点最终通过设计的 UI 界面出现在人们面前。

如果可以快速地完成这些节点，就可以快速地完成细分的任务，缓解用户的心理张力，而其中的关键就是引导与掌控流动的信息。

3 信息的流动、处理、回馈与聚合

回到 UI 界面，当人们需要完成一个任务时，比如在网上买一本书，并非通过一步完成，而是经历了一系列过程。

信息的流动

信息的流动，开始是在屏幕之外的现实世界，需要找到实体的手机或者 PC。这时，大脑通过图形轮廓识别出手机或者 PC，然后进入虚拟界面，例如打开一个电商 APP 或者网页。页面的层次、icon 的设计、控件的轮廓、高斯模糊与阴影、色彩对比、动画效果、声音与振动等，不同的视觉信息和操控信息引导和影响人们的注意，引起人们下一步的行为。

处理与回馈

这一步输入书的名称，进行筛选和对比，再确认订单收货地址，最后付款。除此之外，还要时不时追踪物流信息。每一个步骤都会经历目标搜索和确认，经历不同的操作界面，根据操作产生的回馈——或者是肯定，如“确认”“成功”，或者是否定，如“密码输入错误，遗忘输入地址”，或者只是告知后台状态的进度条，然后开始下一步操作，直到完成购买一本书的任务。

聚合

信息随着人机交互的过程变化、流动，并在人的意识中聚合。意识从人自身的外部通过知觉器官获得屏幕上关于书的视觉信息，获得设备的听觉（声音回馈）、触觉（键盘或者触屏）信息，从自身内部获得书的记忆信息，如书的名称、售价、种类，两部分信息聚合并在意识的处理下最终推动购买任务的进行和完成。

4 UI 设计面对的是信息变化往复的交互过程

从解除心理张力的过程看，UI 设计与传统设计在信息传递方式上的根本不同，在于 UI 设计传递信息并非单次的，而是变化的、往复的，设计的结果是一系列信息页面，而且针对用户的操作可能产生不同的状态。

UI 设计的焦点不是视觉信息的单次传递，而在于设计一个与用户进行信息互动的流程，引导用户在流程中解决自己的问题。独立 UI 页面的视觉信息并不能完全决定流程整体的质量，而是只形成整体的一部分。

除了信息传递方式的改变，UI 设计更偏重于“示能性”。

1.5 UI 设计在“示能性”上的偏重

1 UI 的呈现形式与实现手段的剥离

在传统设计中，人与世界通过具体的“物”来实现沟通，实现设计的手段与设计最终呈现的形式直接相关，因此设计的实现方式成为区分设计分类的原因，比如，工业设计与工程材料、环境艺术设计与环境科学、建筑设计与土木工程。

而对 UI 设计而言，人的认知与世界沟通的“物”被虚拟化了，计算机呈现语言与最终的 UI 界面展示之间的关联变为间接的，不懂得程序的 UI 设计师也可以完成工作，这就形成了 UI 的呈现形式与实现手段的剥离。

2 UI 设计的重点在“示能性”

因为贫富和身份的差异，人们使用的餐具、随身的衣着、出行的工具、居住的房屋千差万别，但是人们使用的通信工具、输入法、浏览器等常用的软件却是完全一致的，这是为什么呢?

第一点，虚拟产品无法通过产品实现的成本来区分用户。实体产品的制造需要不同的模具和材料，视觉传达设计依赖印刷材质，服装设计依赖纺织面料，工业设计依赖加工材料，这些实体设计的成本有高有低，加工难度千差万别，所以实体设计可以天然地区分使用者的生活场景和身份。而虚拟产品的软件代码则完全一致，针对用户的设计没有任何不同。

第二点，人们无法获得他人使用虚拟产品的视觉感官信息，而且即使获得了他人使用产品的感官信息，也会因为第一点而失去意义。所以，UI 设计无法完全地完成“人—设计物—他人”中的“设计物—他人”的信息传递过程。

UI 设计仅能通过视觉层面的选择（比如软件的皮肤）完成“自我评价”的自我认可和对他人的展示，UI 设计对“自我定位”的价值变得非常有限。

尽管 UI 设计依旧保有设计原有的二重功能，但因为“自我定位”的价值被削弱，导致人与虚拟界面互动中需要的“示能性”规律成为设计需要掌握的重点。

3　UI 设计的“示能性”规律就是认知规律

庄子说“吾生也有涯，而知也无涯”，这 10 个字说明了世界的信息是庞杂的、无穷无尽的，而人的精力是有限的，于是“以有涯随无涯，殆已！”用蛮力强行去知晓所有信息是不切实际的，我们面对的信息无限，脑力却有限，庄子点出了认知层面的基本矛盾。

因此，人类处理信息的基本规律必然是抽取概要信息，形成思维的认识和肢体的行动。“不错的晚餐”是人们对奔跑在平原上的动物的概念认知，于是动物变成眼中的猎物，人们会想办法去猎杀它们。当人的认知对猎物的信息给予改变和回馈的时候，在行动上就是制造狩猎的工具。尖锐的器具可以更好地捕获猎物，于是刀斧与箭簇越来越锐利。

从信息的角度看，人造物是人对来自世界的信息给予反向调节的手段和方式，饥则农耕渔牧，寒则织衣筑垒，种地的锄头和打桩的锤子都是人们接收信息并且给予回馈的结果。

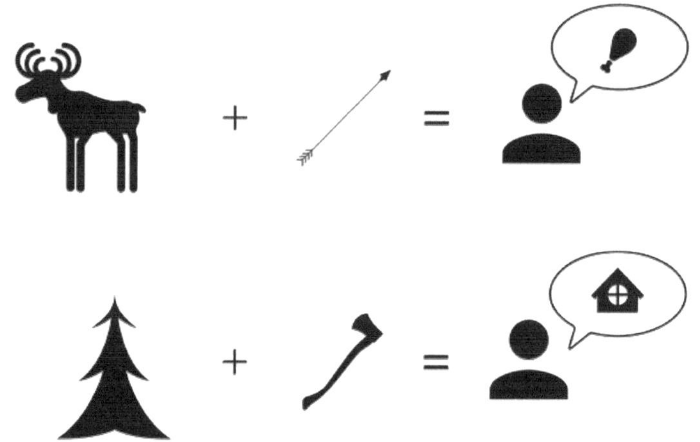

人与世界的互动通过设计实体来实现

人类从茹毛饮血过渡到互联网时代，扑面而来的信息越来越接近庄子所描述的“无涯”，那么，应该如何处理这些信息呢？这就使得人们开始慢慢思考人类认知的规律。

1.6 UI 设计需要认知心理学与神经科学

1 从格式塔心理学到认知心理学

虚拟界面设计的“示能性”指向的就是与认知规律相关的科学，与这一领域直接相关的就是认知心理学，研究人如何觉知、学习、记忆和思考问题，所有这些都指向人是如何处理其身处环境的信息的。

那么，格式塔心理学与认知心理学有什么关系呢？格式塔心理学是 20 世纪上半叶的一个心理学流派，它的主要研究领域之一就是人的视觉认知原理，而这部分研究成果被后来的认知心理学吸收，成为认知心理学在知觉领域研究的重要基础。

格式塔理论常应用于设计上，如邻近、相似、连续、闭合、对称，以及视觉的大小、形状、色彩的恒常性，后面的章节也会从认知的角度解释这些设计原理，如下表所示。

格式塔邻近原则	格式塔闭合原则	格式塔共同命运原则	大小恒常性	形状恒常性	色彩恒常性
第 04 章	第 04 章	第 04 章	第 07 章	第 07 章	第 05 章

对设计而言，认知心理学中涉及视觉的以格式塔理论为基础的研究是 UI 设计直接需要的。然而，除了觉知中的视觉理论，学习、记忆和思考问题的原理对 UI 设计也都具有极高的价值。

2 从认知心理学到认知神经学

认知心理学对解释认知规律具有非常大的帮助，但是心理学的研究方式更多的是“黑盒”式的，这是心理学研究本身的特点。它只能通过实验或者推理来倒推大脑运行的规律，而不能直接从大脑微观地去解释宏观的某个心理规律。因此，如果想要彻底地诠释认知原理，就要从生理角度说明人是如何处理信息的，比如，可见光从视网膜进入眼睛到形成视觉刺激的过程，以及这个过程的意义，本书将对相关的问题进行详细阐述。

如果把人的大脑当成一台计算机，那么认知心理学研究的就是这台计算机的软件，认知神经科学研究的就是这台计算机的硬件，如果参透了这台计算机的软硬件运行规律，也就知道了如何通过设计使人的大脑获得最高的效率，这也是将认知科学的观点引入 UI 设计领域的目的。所以，只有了解和掌握了认知的一般规律，才能更好地设计“示能性”的 UI 界面。

1.7 解决问题的过程——本书的结构

1 从设计实现的角度

一个 UI 界面的完成，从考虑基本的比例到动画制作大体可以分为 6 个步骤，也是本书 02 章到 07 章讨论的内容。

第一步，要知道用哪种比例构图是最为恰当的——02 黄金分割与曝光效应。

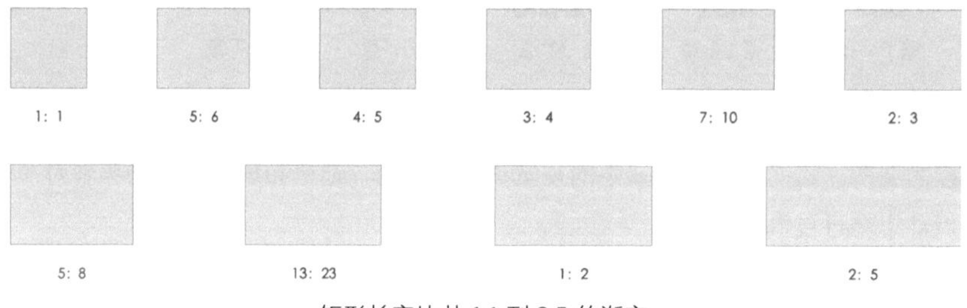

矩形长宽比从 1:1 到 2:5 的渐变

第二步，开始构建界面的具体结构，这就要使用栅格系统——03 整齐、简化与栅格系统。

第三步，界面中有不同类型的元素，那么元素与元素之间的关系如何通过格式塔理论进行组织呢——04 邻近原则与赫布定律。

第四步，确定需要用哪种合理的色调进行设计——05 如何合理地使用色彩。

第五步，确定设计的 icon 代表的图形轮廓的意义是什么——06 图形的意义与物体识别。

第六步，确定虚拟空间如何设计，以及动画的作用是什么——07 虚拟实体、虚拟空间与 UI 动效设计。

完成以上 6 步就可以完成基本的设计，但是还要掌握更为深刻的规律来理解认知与 UI 设计的关系。

2 从认知智能的角度

“08 如何在 UI 设计中引导注意力——自下而上”与“09 如何在 UI 设计中引导注意力——自上而下”的内容是相关联的，主要讨论的是人类记忆的信息与外部环境信息整体互动的过程，以此来说明人们优先处理获得注意的信息的原因。

“10 创造是模因的正迁移”：从模因论的角度思考设计的创新。

“11 设计的训练”：主要阐述的是内隐记忆对设计师训练的意义，强调分步练习与精深练习的意义。

“12 从拟物到扁平化——信息认知的平衡定律”：大脑对于信息的处理本身是简化和抽象的过程，对于过度简化的初始信息又会产生枯燥和平淡的感觉（空载），对于过于复杂的初始信息会产生烦躁和焦虑的感觉（过载），因此大脑对于信息的处理和偏好处在一个动态的平衡之中，这种平衡对设计产生的影响就是我们讨论的主体。

“13 UI 设计与人工智能——智能的本质”：以之前的内容，如韦伯定律、反射性注意、神经节的感受野机制等，作为讨论智能的基础。

“14 UI 设计与人工智能——应用”：通过讨论人的智能与人工智能的关系，理解最新的技术将在未来如何影响 UI 设计。

“15 从 VR 到 5G —— UI 设计的未来形态”：探讨新技术（如 VR、AI、5G 等）可能对未来设计的影响。

“16 认知世界与自我”：跳出设计的界限，从自我与对世界的认知角度来看待UI设计乃至设计。

那么，现在就开始这个探索的过程吧！

02

黄金分割与曝光效应

2.1 黄金分割与斐波那契数列

作为 UI 设计师经常会在网上看到关于黄金分割的争论。有人认为黄金分割是神秘且美丽的，还有一些人则认为黄金分割完全是捏造出来的数学游戏。这里先搁置争论，通过一些事实来说明这个特殊比例的真实意义。

黄金分割比的源头是斐波那契数列，下面分析黄金分割比 。

观察以下数字：1，1，2，3，5，8，13，21，34，55，89，144，233…，可以发现，第三个数字是前两个数字之和，比如，1+1=2，1+2=3，2+3=5，3+5=8…另一方面，如果把前后两个数字相除，那么获得的数值就会越来越趋近一个数字，1/2=0.5，2/3 ≈ 0.67，3/5=0.6，5/8=0.625，8/13 ≈ 0.615，…，144/233 ≈ 0.618，…，28675/46368 ≈ 0.618。当这个数列的最后两项趋近于无穷大的时候，前后两个数字的比值就可以用公式 $(\sqrt{5}-1)/2$ 来计算，这个数值就是黄金分割比。在人们生活的环境中，人体、动物、植物甚至晶体都存在黄金分割比这一规律。

在植物中，常见的向日葵的花朵就遵循斐波那契数列的数字规律。比如下图中逆时针的螺旋线是 13 条，顺时针是 21 条，正是斐波那契数列中的两个值，而较大的向日葵螺旋线可以分别达到 89 与 144，或者 144 与 233。

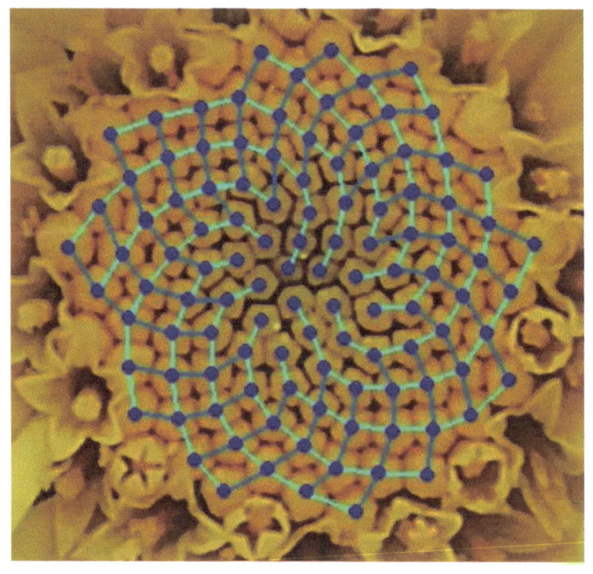

向日葵的两条螺旋线符合斐波那契数列的数字规律

在有关人体比例的画作中，流传最多的就是达·芬奇的素描画，肚脐到脚底的长度与身高之比就是黄金分割比。

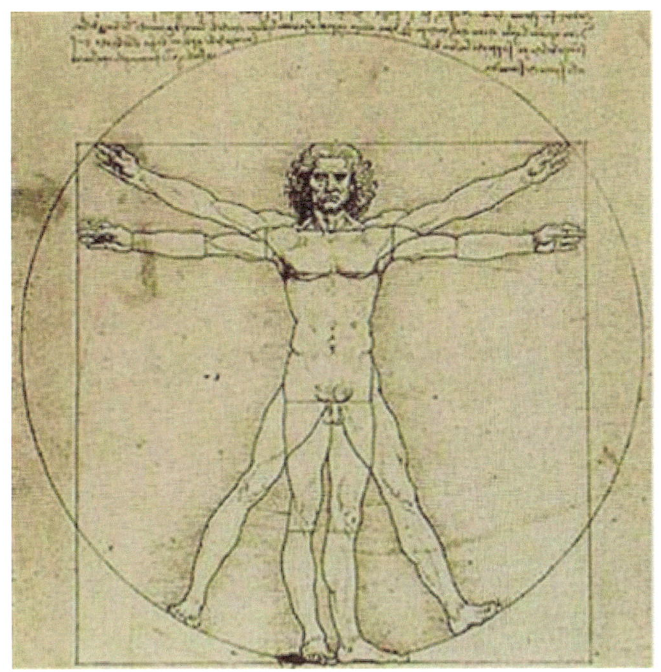

广为流传的达·芬奇手稿

黄金分割比确实是真实存在的，那么，为什么是 0.618？

2.2 生长的效率

对于黄金分割比的研究，数学家伏格（Helmut Vogel）模拟了原基（又称始基，植物中会发展成一个专一组织、器官或躯体一部分的细胞基团）的生长公式，在 *A better way to construct the sunflower head*（花冠形成的更优途径）一文中他将向日葵的秘密揭示了出来。θ 是原基发散的角度，它是相继生长的原基按照螺旋线规律排布时的夹角，只有当 θ 为 137.5° 的时候，向日葵的花盘最为紧密，吸收的能量最多。

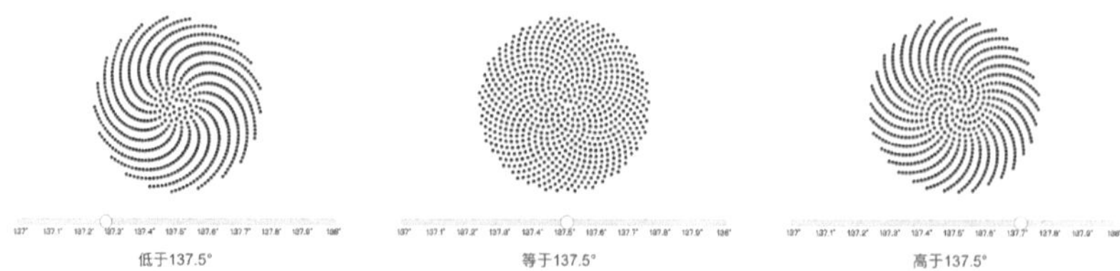

按照 137.5° 旋转的螺旋线密度最高

http://jacquerie.github.io/sunflower/ 网址中，可以自动调整 θ 的角度观察图形的变换。按照斐波那契数列的形态排列葵花籽，无疑是最为节省空间的高效的自然组织形态，按照斐波那契数列的规律生长的向日葵结出的果实最多，不按斐波那契数列的规律生长的向日葵种类都被淘汰了。所以斐波那契数列带来的黄金分割比不仅客观存在，而且对于生物的生存还具有重要的意义，这个比例带来了最高的生长率。

2.3 曝光效应

符合黄金分割比生长的植物是最优的，那么，黄金分割比是如何对人的视觉偏好起作用的呢？大家可以尝试用曝光效应进行解释。心理学家扎荣茨（Zajonc）做过一个实验：他让一群被试者观看一个学校的毕业纪念册，并确保被试者并不认识其中任何一个人，看完纪念册之后请被试者评价他们对其中一些人的喜爱程度。测试结果是人们更喜欢看过二十几次的人脸，而不是只出现过几次的人脸。也就是说，没事“刷存在感”的人更容易让大家喜欢，人们会偏好自己熟悉的人或事物，这就是曝光效应，也称多看效应。

那么，什么事物在生活中引起了曝光效应呢？

一方面，自然界以 137.5° 螺旋线生长的植物和动物（贝壳类）随处可见，所以可以引起曝光效应；另一方面，在人们生活的世界中，大家接触最多的就是人本身，那么，以人体比例为基准的事物也应该最容易引起曝光效应。

以人体比例为设计基准进行的理论与实践，就是现代主义建筑大师柯布西埃所著的《模度》，以及以此为指导的一系列建筑设计。该书的核心观点是相信以人的身体尺寸作为建筑的长度单位可以使建筑变得美观和易用，如下图所示的马赛公寓。

以模度作为设计参照的建筑马赛公寓

从《模度》的角度看，柯布西埃与达·芬奇所发现的一致，那就是人体中也存在着繁多的黄金分割比。

2.4 模度

在《模度》中，柯布西埃选定脐、头顶、上伸手臂作为控制点，与地面距离分别为113cm、183cm、226cm。观察这些数据的规律：113/183 ≈ 0.617，即肚脐到地面的距离与头顶到地面的距离比；(226-183) / [226/2-（226-183）] ≈ 0.614，即手臂高出头顶的距离与头顶到肚脐的距离比。人体分成可3段，从上到下相邻两段的比就是黄金分割比，同时肚脐到地面的距离是上伸手臂到地面距离的一半。

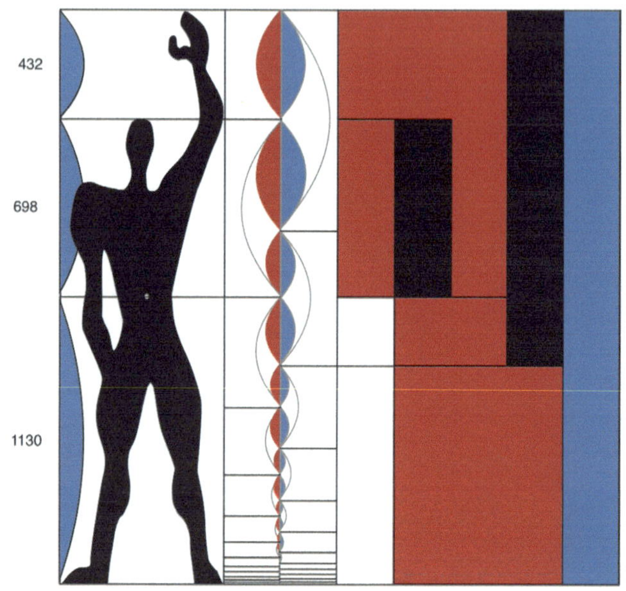

从肚脐到地面 = 1130mm
从头顶到地面 = 698 + 1130 = 1828mm
从上伸手臂到地面 = 432 + 698 + 1130 = 2260mm

以人体为基准的模度

2.5　黄金分割比的效应范围

对于黄金分割比的争论之一，是它究竟有没有让人感觉美丽，是不是真的有效果。尽管通过生物的生长规律形成的形态，以及人体的内在比例可以推测黄金分割比产生了作用，但是这并不能十分确定。针对这个问题，德国著名的物理学家、心理物理学的创始人费希纳（Fechner）对特定比例的方块进行了偏好统计，拉洛（Lalo）以更科学的方式重复了实验，获得的结果是一致的，人们确实对黄金分割比或具有相近比例的矩形具有偏好，如下页两张图所示。

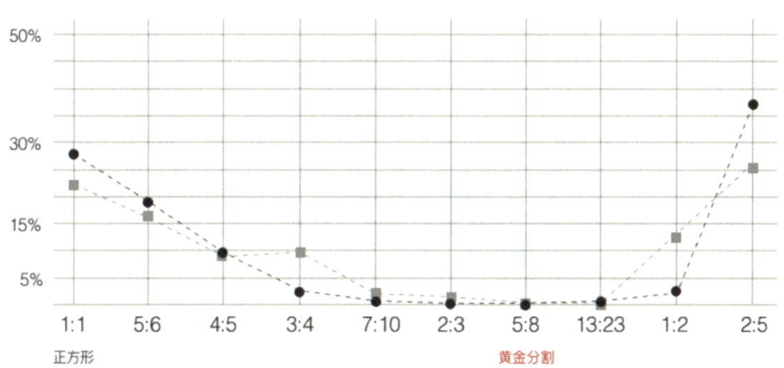

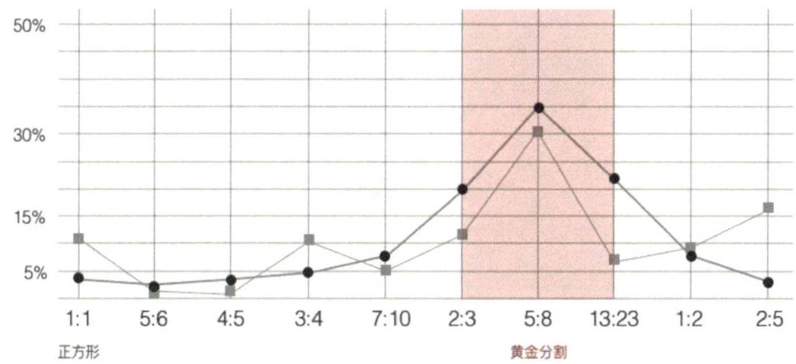

这两个统计图表明了黄金分割比确实在产生作用，并不是虚无的，更重要的是还表明了黄金分割比不是绝对化的除了严格的 0.618 就不起作用，黄金分割比的效应具有一个有效的范围，从 2:3 到 13:23 的比例范围内都会收到有益的设计效果。

2.6 小结

自然界中生物体内存在黄金分割比，甚至可以通过数学理性地推导出植物因此获得的演化优势，因此经常“刷存在感”的黄金分割比，让人们“备感亲切”。

当然以曝光效应判断黄金分割比一定会产生作用并不是百分之百严谨的，因为人的审美是主观的、变化的，因此需要通过相对客观的统计来确定这种比例产生的实际效果。费希纳与拉洛的研究证明人的偏好是确实存在的，设计师可以大胆地在其有效范围内使用这个比例，以优化设计。

关于黄金分割的内容将在“03 整齐、简化与栅格系统”一章中继续深入讨论。

03

整齐、简化与栅格系统

当一个设计作品出现在眼前时，无论是针对虚拟世界的设计，如一个网站，还是针对真实世界的设计，如工业设计的一个产品，或者建筑设计面对的一栋楼房，我们都可以直观地评判设计是否富于美感。当接触和使用之后，人们会判断出是否易于使用。设计可以自然地被人感知和认识，这是因为人都具有与生俱来的审美能力。那么，感知到的好的设计，让人感觉“好”的原因是什么呢？如果可以认识和说明这些，就可以合理地指导设计，比如本章分析的栅格系统。

栅格系统源于平面设计行业，定义为“以规则的网格阵列来指导和规范网页中的版面布局及信息分布”，这种平面排版的设计方式非常自然地迁移到了 UI 设计中。

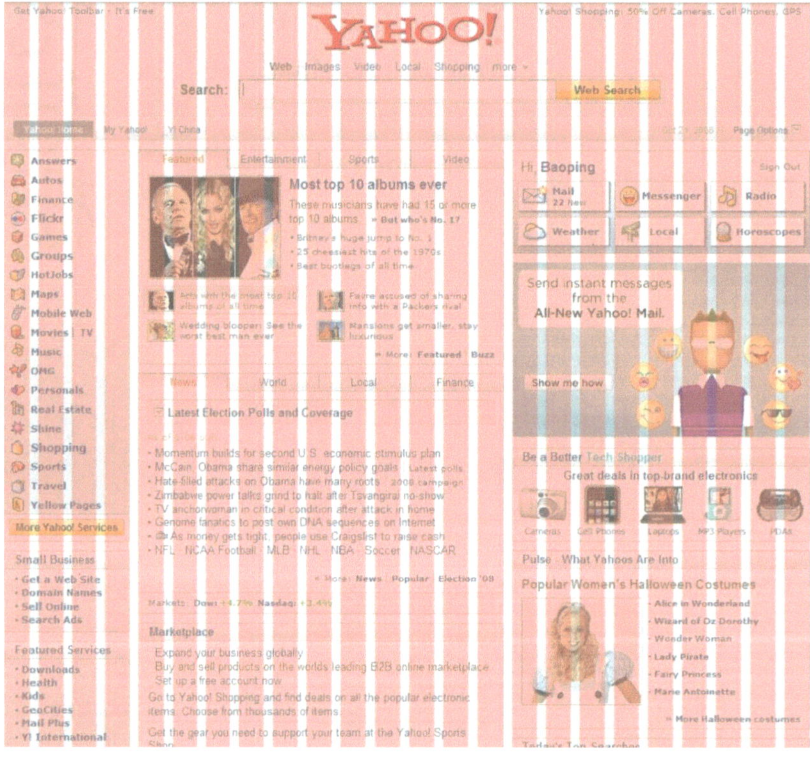

雅虎网站早期的栅格

当人们看到栅格系统后，直觉的反应就是“看上去整齐”。“整齐”是对事物具有良好排列顺序状态的正向描述，“看上去整齐”也意味着“看上去舒服”。当然，这种“舒服”的“整齐”肯定不同于“漂亮”和“绚丽”，“整齐”是一种特殊的状态。那么，整齐为什么使人舒服呢？

3.1 整齐为什么会使人舒服

如下面两张图所示都是整齐的示例。

整齐的书架

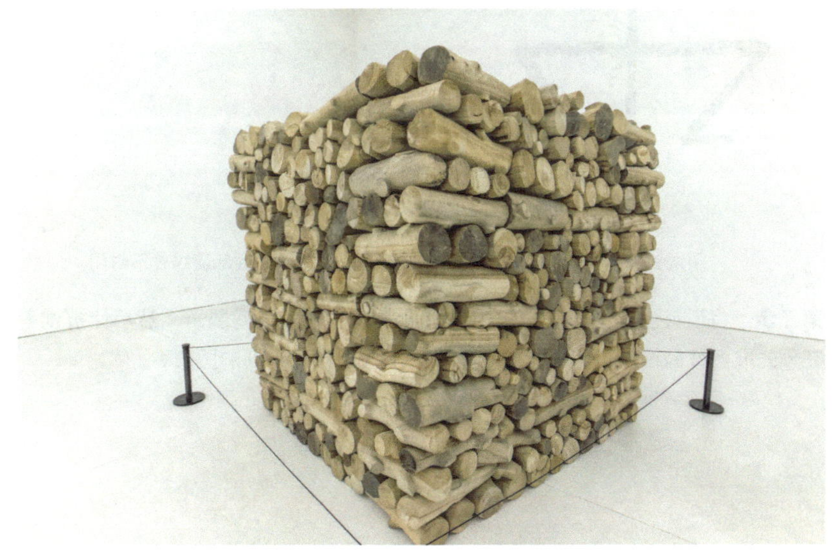

整齐的木堆

整齐的形态并非凭空而来的。一个孤立系统的总混乱度（即“熵”）不会降低，只会增强或者不变，这是物理学中的熵增定律。

这就是说，如果想让混乱程度降低，必须付出额外的能量。耗散体力，动手整理孩子混乱的房间就是付出能量的过程，只有付出能量之后，才得获得整齐的感觉，达到“熵减”。

如果把这个整理的过程从外部世界类比到人脑中，会是什么样的呢？

首先，把“动手”与“动脑”联系起来。下面先看一下阿恩海姆的图形回忆实验。

1　阿恩海姆的图形回忆实验

格式塔心理学美学代表人物鲁道夫·阿恩海姆曾经做过一个回忆图形的实验。第一步，设计一个略微复杂的，但是似乎又具有一定规律的图形。

图形似乎以中间的竖线为基准对称，但是左下角又有缺口，而且上部的横线左右长短不一，显然这个图形是为了验证某种目的而特意设计的。

测试使用的图形　　　　顶部蓝线不等长、底部蓝线并不封闭

第二步，将设计出的图形在一组被试者面前以较短的时间展示，然后让被试者在预先准备好的纸上不假思索地尽量准确地画出自己看到的图形。

最后一步，从被试者画出的大量图形中，总结出7类具有差异但具有规律的结果。

原始图形

回忆强调对称的

回忆剔除不适合整体的细节的

回忆简化整体结构的

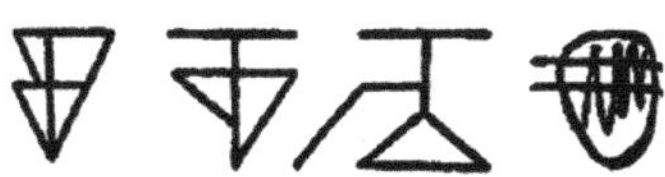

回忆将轮廓线被封闭的

回忆将简单形状重复的

回忆强调分离的

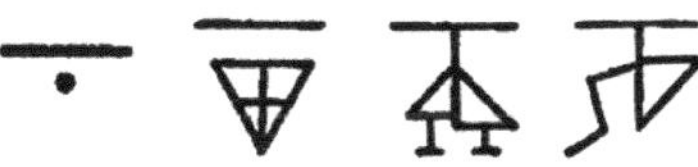

回忆把斜线改为垂直线的类型

每种回忆方式都对原始图形进行了简化

造成差异的原因包括被试者的个性差异、被试者与测试图形的距离，以及测试图形在被试者面前呈现的时间长短。

但更重要的是，阿恩海姆总结出所有图形都有共同特征，“都能再现原始刺激图形的简化性”。也就是说，不管哪个类型以哪种方式回忆，原始图形都并非原封不动地被人们回忆，而是被某种程度地简化了。

沿着阿恩海姆实验的线索，在更长的时间纬度，我们可以更清晰地发现其中的规律。

2 不同时间尺度的图形演化

阿恩海姆实验的时间是短暂的，现在把这个时间延长，先来看一下谷歌的LOGO。

以十年为刻度

Google LOGO 的演化过程

从 20 世纪 90 年代到 2015 年的近 20 年中，LOGO 有了明显的简化，字体从衬线体变化为非衬线体，同时字体从三维效果变成扁平效果。谷歌 LOGO 的演化大致以 10 年为刻度，下面再来看我国出土的陶器的鱼纹演化。

以百年为刻度

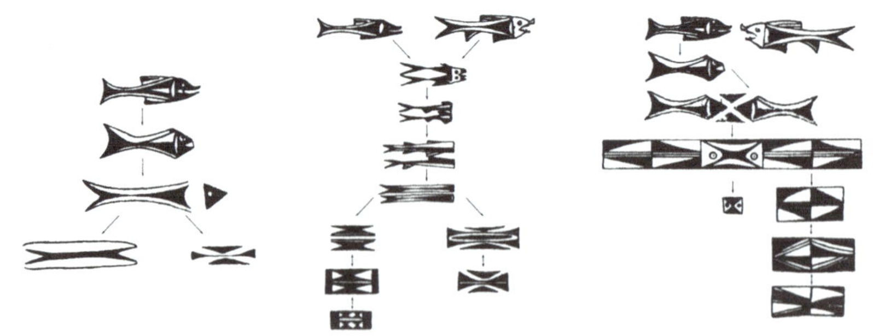

鱼纹的演化过程

早期的陶器鱼纹是以较为写实的方式绘画的，与真实的鱼相比，鱼的曲线弧度变低，变得更平直，鱼鳍上下并不是对称的；在中期，曲线变得更趋于直线，但尚可保留鱼的细节结构，例如，鱼的眼睛、鱼鳍与鱼的身体、鱼鳍出现对称性；在晚期，鱼眼的结构消失了，鱼纹出现整体的对称性（鱼头与鱼尾差异变小）。鱼纹的演化是以百年为刻度的，下面再来看看字母 A 的由来。

以千年为刻度

印欧语系的字母 A 可以追溯到埃及人的牛头形象，然后是闪米特人的牛头被简化的形象，之后传到腓尼基变成了 aleph，传到希腊变成 alpha，最后在罗马成为现在字母表中的 A。下面的图例展示的就是从图形演化为字母的过程。

字母 A 的演化过程

牛头演化到字母 A 的过程，事实上就是一个将近两千年的阿恩海姆的图形回忆实验。在千万次往复的记忆、回想、书写的过程中，冗余的视觉信息被去掉了，牛头变成了 Aleph，再变成 Alpha，最后简化成无法被解析的具有方向性的轮廓线条——A。

阿恩海姆的实验阐释了人们本能地对视觉信息进行的简化处理。

3 整齐的认知意义

大脑在每次记忆中进行简化。相对于消耗体力收拾屋子的“体力过程”，大脑存在一个处理信息的“脑力过程”，这个过程是在没有任何意识干预的前提下把视觉信息变得整齐或者几何化。

一个被别人收拾过的屋子、整理的货架可以省去自己的体力，那么，如果一个UI 界面被设计过，变得整齐是不是也会省去自己的“脑力”呢?

很显然这是肯定的。字母 A 的记忆难度要比牛头的图形容易得多，整齐使人舒服的原因就是更加便于记忆和识别，整齐的基本意义就是更少的“脑力”消耗，降低认知的成本。

所以，如果降低认知的成本是界面设计的基本追求，而整齐可以达到降低认知成本的目的，那么使界面变得整齐的栅格系统就可以成为界面设计的基本工具。

3.2 基础的栅格系统

UI 设计中引入了原来用于书籍装帧设计和平面排版的栅格系统，以保证基本的视觉元素之间的整齐。下面模拟一个从混乱到整齐的过程来演示栅格系统带来的实际效果。如下图所示是开始的排版效果，图中的“@”是作为调节效果的装饰元素。

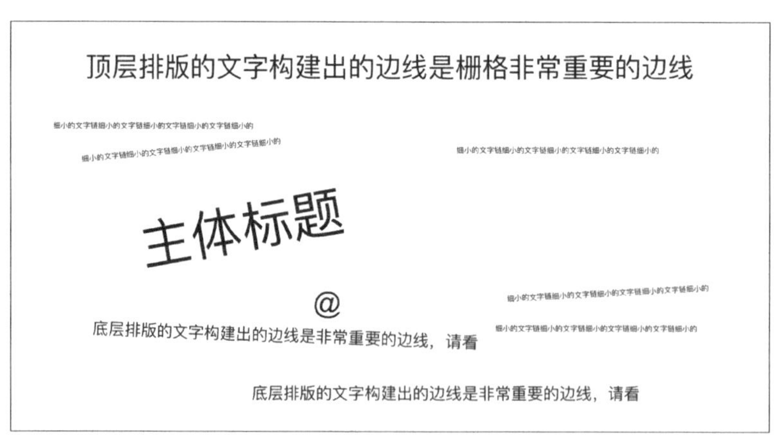

倾斜且不整齐的文字

如下图所示是该排版面背后的“方块”。

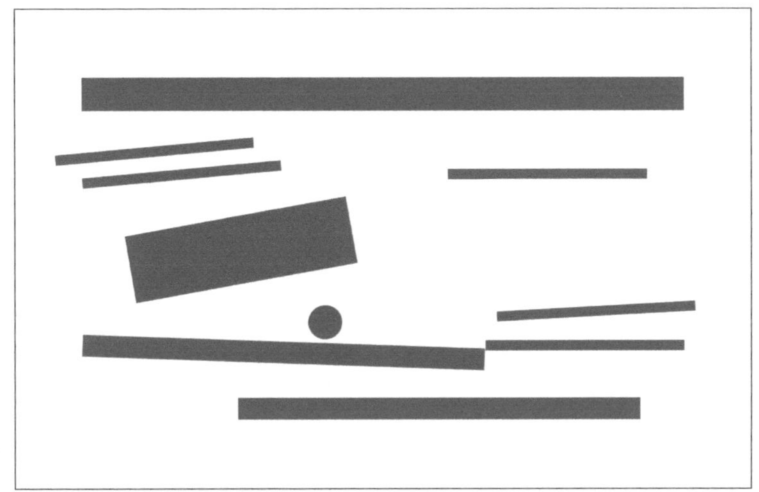

倾斜且不整齐的方块

如下图所示是栅格系统的基本原理。

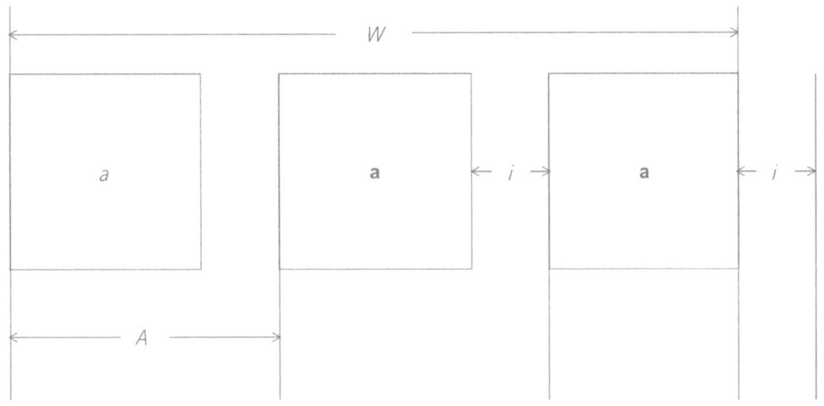

栅格的构成 $W=(A*n)-i$

这里使用最简单的方式让 $A=a$，然后对“方块”进行重构，用最基本的栅格使其中的元素对齐，如下图所示。

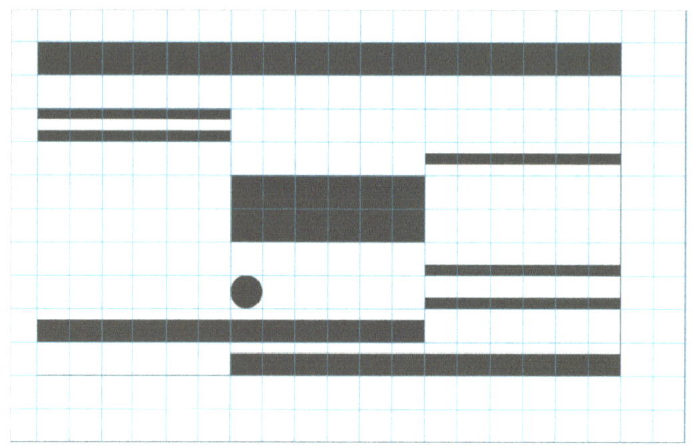

用栅格对齐的基本方块效果

修改后基本文字如下图所示。

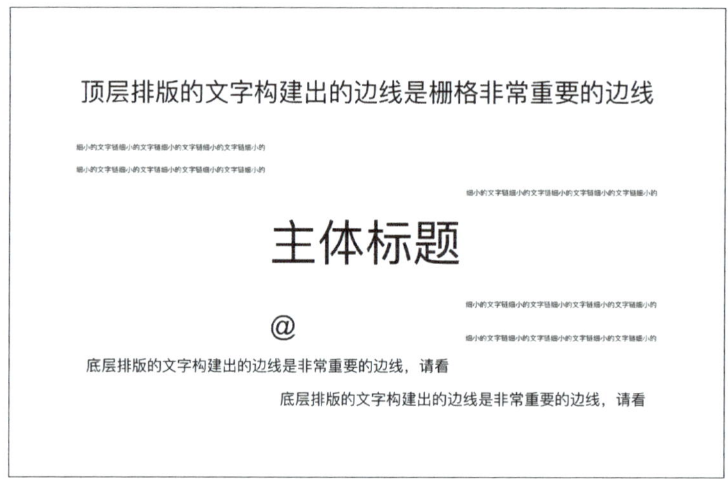

用栅格对齐的基本文字效果

这样的面板看上去比原始的混乱的排版方式效果好一些，但是仍然差了很多，也就是说，仅仅整齐还不足够完成页面的良好设计，下面利用别的方法来解决这一问题。

3.3 简化——视觉信息记忆与识别的规律

从图形的演化过程可以总结出简化是人的大脑自然而然的运作，追求简化是界面设计的基本需求，所以会通过栅格来达到“整齐”。但是，为什么通过栅格系统形成的“整齐”还不足够完成设计呢?

原因就在于我们还没有总结出简化的规律。

那么，有没有相关的理论解释物体识别过程中的规律?心理学家阿恩海姆对三角形识别的实验说明识别的基本规律是从一般到个别，比德尔曼(Irving Biederman)提出了成分识别理论来解释物体识别的基本过程，下面就来仔细讨论这两种理论。

1 视觉识别是从一般(整体)到个别(细节)

对于物体识别有两种观点。第一种观点是，识别过程需要学习，需要从大量的个体经验中总结出一般的规律(从个别到一般)。比如，许多人的脸类似椭圆形，人们便将其抽象成椭圆形，之后再说人的脸看上去像一个椭圆，最后再区别出不是椭圆的东西。传统观点(阿恩海姆之前的观点)认为这需要相应的智力，是从个别(细节)到一般(整体)的规律。

这个观点的漏洞就是新生儿没有见过很多人脸，那么是不是就无法识别人脸?或者一个智力比较低下的动物，是不是也无法识别物体?

另一种观点则认为，识别过程并不需要学习，人的识别是先从整体的轮廓再到细节的过程(从一般到个别)。认为人脸是椭圆形的，当再看见椭圆形的事物时，就判断其为人脸。

显然，这个观点的漏洞就是会不会因为细节缺失，导致产生识别错误。

对于两种针锋相对的观点，在《视知觉与艺术》中提到了这样的实验：把两个盒子放在一个两岁孩子或者类人猿眼前，其中一个盒子里面放着他们爱吃的食物，上面有一个固定大小和形状的三角形，另一个盒子是空的，没有标记物。

实验过程：第一步，多次显示有食物的盒子，让孩子与类人猿熟悉这个盒子与盒子上的三角形；第二步，修改盒子上的三角形，看孩子与类人猿是不是能有效地识别出变化了的三角形。如果孩子或类人猿识别出修改三角形后的盒子，那就证明识别过程是不需要经验的，也不需要太高的智慧，识别的过程是从一般到个别。

实验的结果：在第一步，幼儿和类人猿都知道了画有三角形标记的盒子有他们爱吃的食物；在第二步，改变三角形的形状——变小、变大、倒置、填充，不管怎么变，他们都会识别出三角形的盒子。

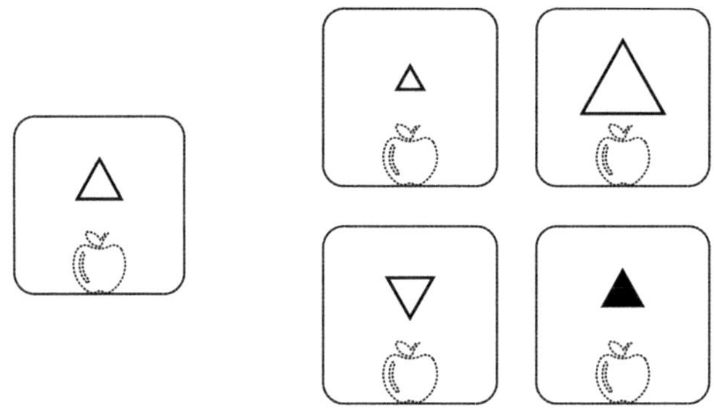

不同形态的三角形

实验的结果说明：视觉识别从一般到个别的过程是正确的。幼儿和类人猿只用了一个盒子和相对成年人来说较低的智力水平就完成了识别三角形的任务，甚至老鼠也完成了识别三角形的过程。那么，视觉形成的规律就该是且只该是这样的：一开始就判断物体的轮廓，然后才是识别细节，这样才能解释为什么细节发生了改变，却依旧能识别出三角形符号。

现在需要解决的是，在这个理论方向是不是会出现因为细节缺失造成识别失效的漏洞。

2 识别的简化——从大轮廓到小细节

心理学家比德尔曼提出了“几何离子集”的概念，用来解释人们识别物体的规律。这个理论的核心依旧是认为物体识别是从大轮廓开始的。这个理论将简单的几何体（如砖块、圆柱体、楔体、锥体）及把它们的轴线弯曲之后的反向体称为“几何离子集”。比德尔曼认为人们识别物体是通过识别特定组合的几何离子集来完成的。

比德尔曼的几何离子集

根据这个理论，当人们看见物体后，会本能地把物体分解为特定组合的几何离子集，当再次看见物体时，通过几何离子集的特定组合再认物体。几何离子集的组合并非固定的，而是像搭积木一样可以重组为其他物体，类似于很少的字母集可以构成无数单词和句子，少数几何离子集可以用来构造基本形状和无数基础物体。

比德尔曼的理论在解释椅子、灯、面孔这些差异较大的轮廓外形上是成功的，但是在解释细微差异的识别上则无能为力。比如，人的面孔来自同样的三角形，按照比德尔曼的理论，两个人的鼻子使用的是同样的三角形，但我们是没有办法区分出两个人的鼻子的，所以在这一点上这个理论受到了质疑。在轮廓细化方面，理论中的几何离子集出现了停滞。还是以鼻子为例，尽管两个人的鼻子都是三角形，但是也存在细微的变化，一个底边更宽的三角形和一个底边较窄的三角形构成的两个鼻子是不同的。

如果比德尔曼的理论在更为细化的方向上可以修正，那么对于物体的识别问题，就可以得到更加正确的假说。首先，要肯定这个理论的积极意义，比德尔曼意识到了视觉识别是从一个大的轮廓开始的，而不是从细节开始的。

3 视觉信息的记忆与识别规律

对于大脑而言，视觉识别的过程是伴随记忆过程的，想要识别一个物体，必须先记忆与之相关的信息。记忆的视觉信息越丰富，识别的结果越精确，但也产生了新的矛盾。如果记忆大量的视觉信息，会增加大脑的记忆负担，视觉识别的效率也会变低。

增加负担不必多说，视觉识别的效率降低是指过度精细的记忆会造成识别的过度严谨。比如，同一个人，年龄稍稍变化，或者视觉角度稍稍变化，用一张精细的照片与这个人进行对比，结果都是不一样的，都可能会造成识别错误。显然，对人的视觉识别不是拿着照片一个像素一个像素地对比，人们对于视觉识别的需求，也不是"找找两张图中哪个地方不一样"这种在大量相同的信息中寻找不同信息的游戏，人们对于视觉识别的需求是从许许多多形态各异甚至不断变化的物体中识别出熟悉的或者陌生的事物，因此要保证的不是绝对精准，而是在保证效率前提下的适度精准。

于是，人类的视觉记忆过程变成了两步：第一步，将物体简化识别为必要的基本轮廓的组合；第二步，记住识别出的必要的轮廓组合。

与视觉记忆的步骤对应，识别的步骤是：第一步，将看到的物体变成大的轮廓与记忆中的大轮廓进行对比，筛查一部分信息，余下的信息进入下一步；第二步，在第一步的基础上适度细化大轮廓成小轮廓，对比记忆，再筛查一部分信息，如此往复，直到必要的精度；最后识别出所有熟悉的物体，并将剩余的新的视觉轮廓组合放到记忆中，成为新的视觉记忆。

在整个过程中反复强调的"必要的"人类视觉信息的记忆与识别的关键就是：在哪一步可以达到有效识别，对识别细节的记忆与简化就停留在这个程度，而不过度深入。

这样有三重作用：一是保证了最小的记忆负担；二是保证了最高识别的效率；三是避免了识别细节不足造成的识别失效。视觉识别的整体过程就像画素描画一样，从整体轮廓向小细节深入。

素描从大轮廓开始

比如，人类幼儿识别父母的过程。先是识别最为简单的基本图形，如大的方形与大的椭圆形，这样就可以基本区分出脸与躯干；对于大的椭圆形，区分一下是方一点还是扁一点，这样可以区分出是女性还是男性；如果是女性，区分一下眼睛是方一点还是圆一点，这样可以确认出这个女性是亲人（眼睛长得相似）还是陌生人。以此类推，直到认出这个人是谁。

4　图形的简化是识别与记忆规律的结果

视觉信息记忆与识别的规律是图形简化规律的基础，由此就可以理解阿恩海姆实验的结果，以及一系列历史上图形简化的例子，都是大脑对降低记忆负担与提高识别效率所追求的结果。

3.4 几何化的信息块

1 基本的信息块

现在我们不仅拥有栅格带来的整齐，还明白了视觉记忆与识别是从整体到细节的原理，那么如何有效地应用原理呢？我们可以参考金伯利 · 伊拉姆（Kimberly Elam）的“虚空间”概念。“虚空间”指的是栅格系统中没有被排版内容填充的区块，“就是那些没有被构成要素占据的空间”。先依照金伯利的理论把之前放下来的图形进行“虚空间”的分析，如下图中红色方框内的区域。

零碎的虚空间

尝试再次排版，整合这些“虚空间”，将整体的“几何离子集”的数量降低到适当的程度。

经过整理后的虚空间

整理之后的排版方块

最后看看这样排版的文字效果，明显好于之前的排版。

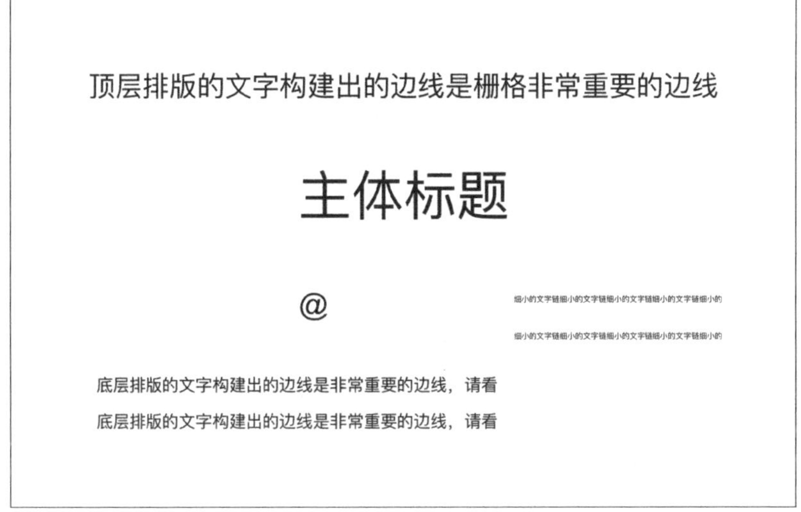

整理之后的文字效果

应用栅格系统的第一步是解决整齐问题，然而整齐的排版并没有解决所有问题，除了整齐还需要一种隐含的结构，本书称这种结构为排版元素构成的几何信息块，简称为几何信息块。

这种几何信息块的基本要求就是尽量减少“几何离子集”的数量，让排版形成的整体数量足够简洁。根据这个规则，构建几何信息块需要注意以下几点：

第一点，元素不能重叠，重叠会造成新的不规整的形态。

重叠错误

第二点，元素的长度需要与横格吻合，不要超出基本边界。

超出虚拟边界错误

第三点，构建虚拟边线，下图中的红色圆圈表示隐含的“方块”所构建的虚拟边线，这些边线是构成栅格系统最为重要的部分。

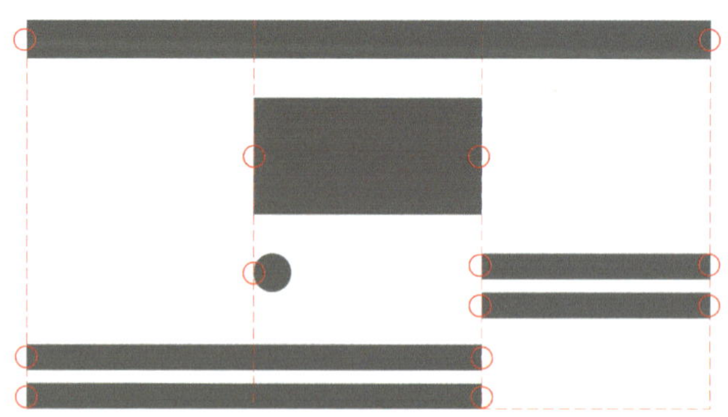

构建虚拟边界

3.5 几何信息块——构图与黄金分割

1 三分法

前面讨论了黄金分割比产生的效应：趋近黄金分割比的图形更容易被认可。在构图中，这种喜好的倾向就演变成人们常用的三分法。三分法就是将画面在水平和垂直方向都分为 3 份，那么画面中就会出现 4 个新的矩形，这 4 个矩形与原有构图的比例是 2/3 ≈ 0.667，非常接近黄金分割比的 0.618。

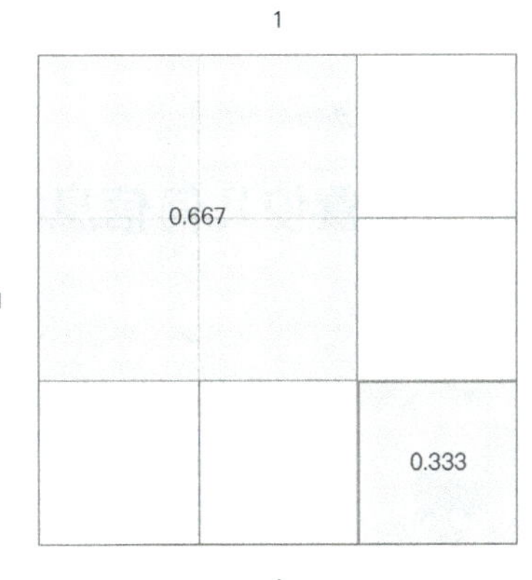

三分法原理图

在照相软件或图片处理软件中，都带有三分网格的结构。

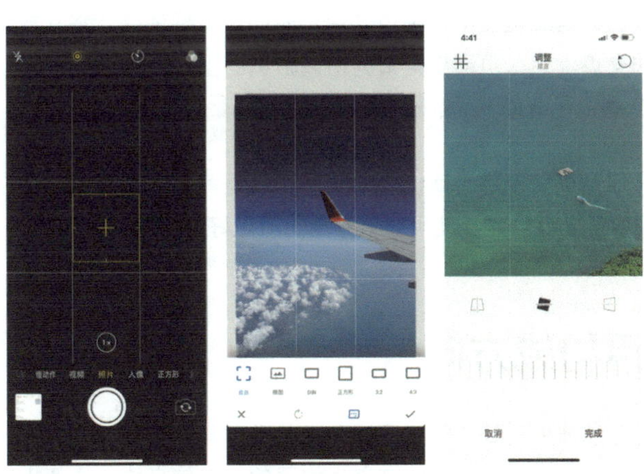

使用三分法的软件

那么，在构图中如何使用三分法呢？

（1）用三分法修剪构图中的元素

用三分法修剪构图中的元素与几何信息块的需求不谋而合，或者说三分法就是天然几何信息块的应用。

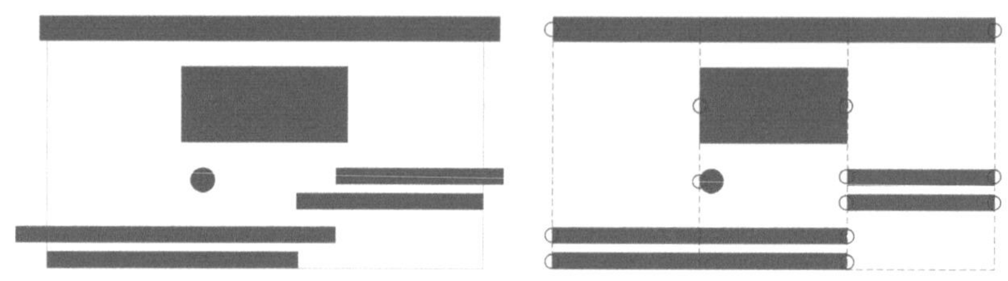

以三分法修剪多余的元素

（2）调整构图元素位置使几何信息块更加简化

如下图所示是调整页面元素的过程。

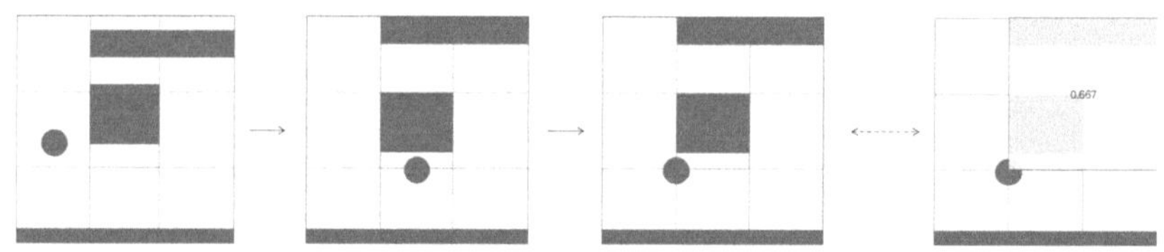

通过三分法调整页面元素位置

在起始阶段的页面中，元素没有贴合栅格，经过调整的页面效果如第二幅图所示。将元素居中后，第二幅图中的圆点会使页面的重量感失调，将其放置在应用三分法形成的交点上后，页面变得最为协调，页面呈现最简化的信息块，图中的“0.667”代表白色透明方块。

三分法为几何信息块提供了比例上的美感，这是黄金分割比带来的结果。也就是说，如果条件允许，直接使用黄金分割比将更好地使栅格系统变得美观。

2　常用构成方向

金伯利教授在《栅格系统与版式设计》中归类了几种典型的构成方向，下面在这本书中抽取几例，并且标记使其产生作用的几何信息块，方便大家理解这些构图的奥妙，如下图所示。

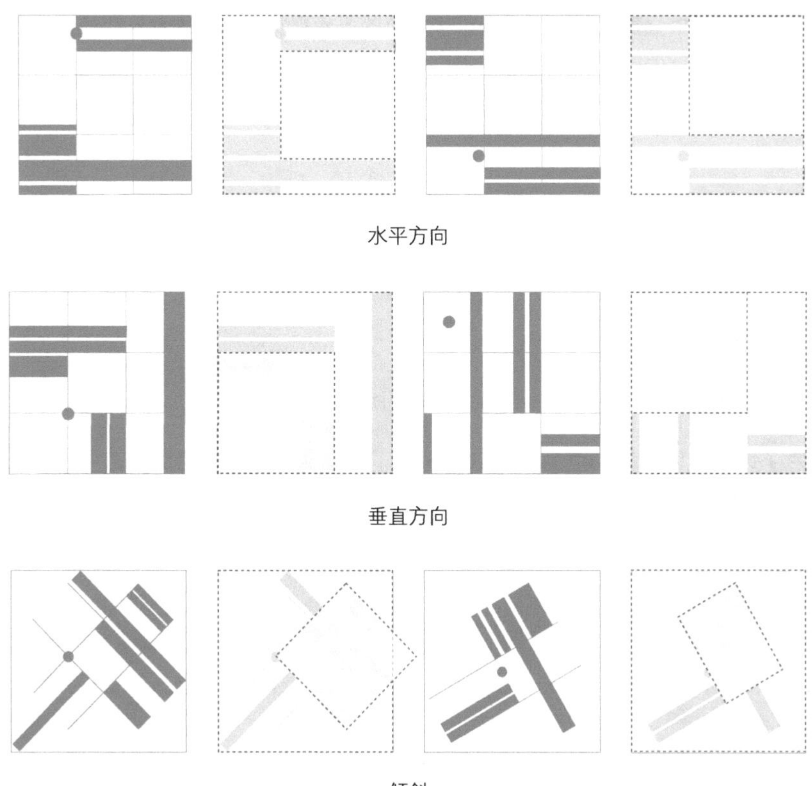

水平方向

垂直方向

倾斜

3.6 图形简化与黄金分割

简化与黄金分割比不仅可以使用在排版上，而且可以将同样的原理用来设计和修改图形。

例如，从具象的牛到抽象的 A 的转化。在希腊的铭文阶段，A 在视觉上已经基本简化成无法被解析的最基本的单元，具有方向性的轮廓线条，所以两千年内

A 没有再发生太大的变化。icon 的形成过程类似于字母表源头的牛，一方面，它是人们知觉抽象轮廓过程的人工形式——简化的图形，但是它还没经历像字母一样漫长的抽象过程，所以携带了大量的原始视觉信息。磁盘已经被弃用，但是“保存”的图标却被留了下来，好比现在很多地方已不再用牛耕地，却依旧使用字母 A。

磁盘已经消失，但却变成“保存”的 icon

为了保证设计出的 icon 保持简化的特征，可以使用类似栅格系统的网格，如 *Material design* 设计规范中对 icon 设计的指导。

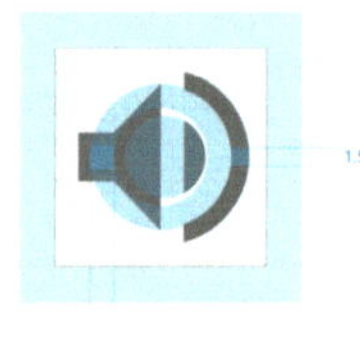

使用栅格校正 icon 设计

3.7 小结

“虚空间”的概念与“几何离子集”具有特殊的关系，甚至可以将“虚空间”当成“几何离子集”平面化的应用手段，以保证最终形成的排版内容成为有效区别的“区块”，或者说形成基本的几何信息块。延伸栅格系统的应用，可以促使界面排版的内容趋向于不可分割的基本的几何信息块，使之符合人类视觉从整体到细节的识别规律，最大限度地降低认知成本。

04

邻近原则与赫布定律

4.1 空间邻近

1 空间的同义邻近

UI 设计中经常会提到“格式塔定律”或者“格式塔法则”，其中最为常见的就是格式塔的邻近原则，人们会把空间上邻近的视觉元素看成一组。在设计上，这也是最为常见的布局手段之一，这种常见的空间邻近是同义视觉元素的邻近，如下图所示的五角星。

相邻的被视为一组

既然有了同义邻近，那么必然也会有异义邻近。

2 空间的异义邻近

变化空间同义邻近中的构成元素，就是空间的异义视觉元素邻近，即每组的元素构成发生了变化，但相邻元素仍可以被看成一组，而且不同元素的组合具有不同的意义。

不同元素的组合具有不同的意义

在设计中，场景与中心之间的关系就是利用了空间的异义邻近，比如，把中性的电锯与不同的场景结合就会产生不同的意义。

电锯与不同场景组合形成不同的意义

第一张图的表现相对中性，在暴风雨之后用电锯来切断形成路障的树枝，以方便清理；第二张是积极的，在冬季用电锯来进行冰雕的艺术创作；第三张是消极的，因为在热带，电锯被视为破坏雨林与动物家园的元凶。

其实，空间异义相信大家都不陌生，文字本身就是空间异义的结果。比如，“长河落日圆”，换作“落日长河圆”“日落长河圆”“长河落圆日”，仅仅变化语序就可以表达出不同的语境和语义。空间既然存在邻近，那么时间是否也有类似的格式塔效果呢？

4.2 时间邻近

时间邻近与空间邻近一个重要的不同是没有语音同义邻近。比如，do、re、mi、fai4 个音调，如果只是“do、do、do、do”，那么调换 4 个邻近“do”的顺序还是“do、do、do、do”，但调换“do、re、mi、fai”，就可以变成“fai、mi、re、do”“mi、re、fai、do”等，如果是用“do”来代表不同的意义，只有变化“do”的长度，所以时间的同义元素邻近除长度外不具有语义。

序号	1 2 3 4	4 3 2 1	3 2 4 1
时间语音同义邻近	do do do do	do do do do	do do do do
时间语音异义邻近	do re mi fa	fa mi re do	mi re do fa

语音同义邻近只有语音的长短产生语义

尽管时间邻近不存在同义邻近，但是以时间为维度的邻近可以具有抽象的语义，因为人的声音本身具有天然的抽象特征，可以表达抽象的意义。

1 时间语义的异义邻近

一个人说“今天是星期六”，另一个人说“火箭队赢球了”，这两个人可能在餐馆中正在和不同的人说话，两句话并未直接关联成“星期六的球赛火箭队获得了比赛胜利”。如果没有特意说明场景，那么这两句话就会让人们自然赋予其意义，而如果中间加上“昨天是星期五”，那么火箭队获得胜利的时间“自然”就变为了星期五。

2 时间场景的异义邻近

曾经有一个苏联艺术家库里肖夫做过一个实验：把 1 个镜头与另外 3 个不同的镜头组合会产生不同的意义。第一个镜头是无表情的男演员，其余的镜头分别是汤盘、妇女趴着棺材上哭泣、抱着玩具的小女孩。

实验的方法是：第一组，先播放第一个镜头，再播放汤盘，观众认为第一个镜头中的男演员表现的是饥饿；第二组，还是先播放第一个镜头，然后播放的是妇女趴在棺材上哭泣，第二组观众认为第一个镜头中的男演员表现的是悲伤和绝望；第三组，仍然先播放第一个镜头，然后播放抱着玩具的小女孩，第三组观众认为第一个镜头中的男演员表现的是慈爱。实际上，第一个镜头中的男演员没有发生任何变化，但是和不同的场景在一起会给人不同的感受，赋予第一个镜头不同的意义，这一现象被称为库里肖夫效应，也直接催生了电影艺术的表现手法“蒙太奇”。

库里肖夫的实验不改变第一个场景，是为了说明场景中元素的意义会因为其余元素的影响而改变。

再做一个任意调换场景顺序的实验。找来 4 幅图，分别代表母亲、孩子、手术刀和血迹，任意变换图片的顺序，想象一下 4 幅图所可能产生的意义。

先看第一种顺序可能让人联想到的意义，如下图所示。

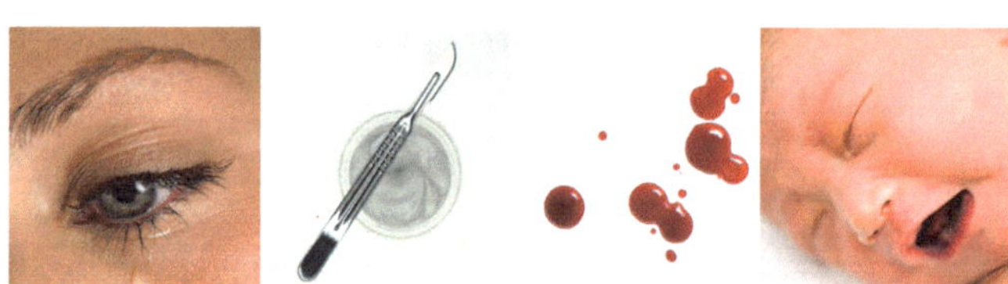

经过剖腹产婴儿诞生了 / 母亲受伤了，婴儿很伤心

如下图所示为第二种顺序，想象一下可能产生的意义。

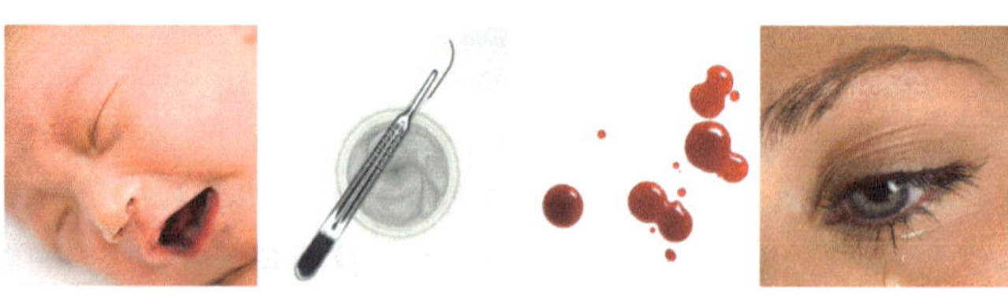

婴儿受伤了，母亲很伤心

如下图所示为第三种顺序，想象一下可能产生的意义。

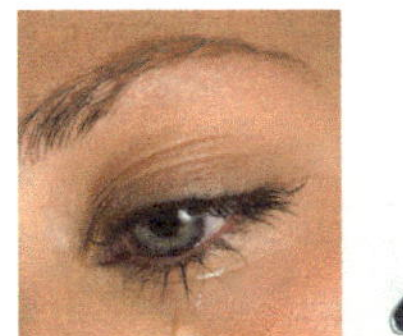
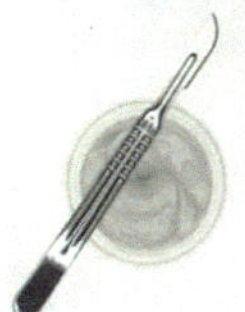
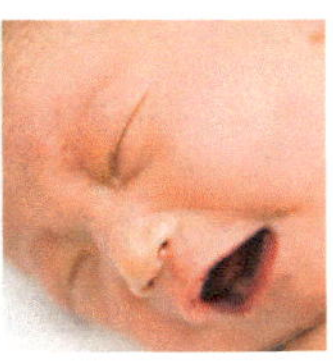
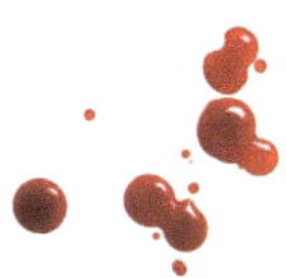

母亲被迫伤害了婴儿

时间场景的异义邻近与空间场景异义邻近的不同在于，前者更加强调时间的顺序和连续性。空间异义邻近的场景是片刻的，而时间场景的异义邻近是连续的。也可以说，空间异义邻近的场景可以构成时间异义邻近的一个片段，但反之则不成立。

所以，无论是在视觉感受上，还是在心理意义上，并无因果关系的相邻物体或者事件因为顺序产生了本来并不存在的意义。那么，我们为什么把各种邻近的事物看成一组，或者赋予其意义呢？

4.3 格式塔的场

1 空间同义的解释

为了解释这个现象，格式塔心理学家将物理中的“场”引入到了心理学中，解释邻近产生的效应。先从下面这幅图简单地说起，这是 4 个普通的正方形。

4 个正方形

这样看起来似乎并没有特殊的意义，下面将其稍做变化。

4 个正方形与 1 个正方形

加入右侧的正方形之后，有一种力量使左侧的 4 个正方形更显著地形成一组，或者说左侧的“一组”有赖于右侧较远的独立的正方形。如果去掉右侧的正方形，左侧 4 个一组的关系被严重削弱了。也就是说，视觉在形成形象知觉的时候（左侧的一组，右侧独立的正方形），物体彼此之间产生了自然的组织和联系，视觉依赖这部分形象知觉与其余部分之间的联系。这一点在一些视错觉中体现得最为明显。

棋盘是扭曲的吗

棋盘中的白色环状小点影响了人们对棋盘的判断，看上去棋盘的格子并不是直线。视觉的一个重要性质是相邻视觉元素彼此之间会产生作用，最终形成一个互相影响的整体。有没有已经存在的理论或者相似的东西来借鉴或者辅助我们理解整体与部分或部分与部分之间的关系呢？格式塔心理学家找到了一个可以帮助他们的类似理论，那就是物理学中的“场”。

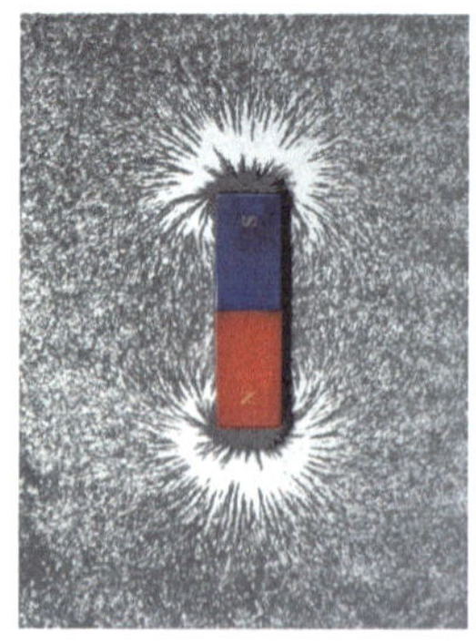

铁粉直观地呈现出磁场的存在

场是物理量在空间上的分布，磁场是传递具有磁性的物体间磁力作用的场，引力是传递具有质量的物质之间引力作用的场，而视觉元素彼此之间形成了场的效应，距离越近，则在这个场中就会受到越大的力，看上去就越像一组。1 个与 4 个的对比是一种作用方式，4 个与 4 个对比是另一种作用方式，比如下图中正方形间距更近的比看上去更远的就更像一组。

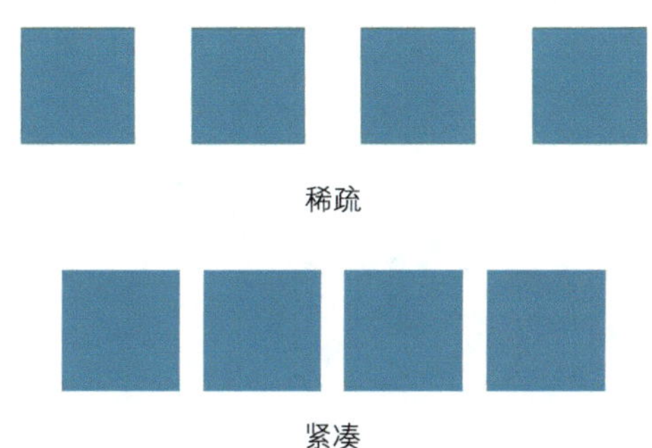

稀疏

紧凑

格式塔心理学家首先解决的是具象的空间同义邻近的构成问题，紧接着他们把注意力转到了邻近事件的心理感受上。

2　空间异义解释

如果延伸场的概念，从空间距离对视觉感受的影响（如邻近原则）延伸到含义变化对人的心理感受，会有什么样的效果？格式塔心理学曾经描述过一个场景：一个人骑着一匹马在冬日漫天冰雪中穿过了冰雪覆盖的地面，之后这个人到了一个客栈，店主告诉他，他闯过的不是地面而是博登湖（536 平方千米）的冰面，这个人因为后怕，被活活吓死了。

冻结的湖面

夏天的湖面

格式塔心理学家将骑马人所处的环境分为地理环境和行为环境。地理环境是一个结了冰的湖面，但从骑马人的认知来看，他所经过的行为环境是一大片陆地，我们称为行为环境 a。而在听了店主的描述之后，他对所经过的路程的认知变成了可怕的湖面，我们称为行为环境 b。两种行为环境在心理学层面施予骑者的力截然不同，后者引起的恐惧吓死了骑马者，行为环境的变化引起了截然不同的结果。

在格式塔学派形成的年代，对于一个固定的“地理环境”对应着可能无穷多个“行为环境”，不同含义的背景会对背景中的人产生不同的作用。

3 格式塔原理的局限

格式塔原理对邻近效果的原因——场的动力来源解释不清楚，面对时间邻近和引起邻近效应的动力源，看不见摸不到的“场”力不从心。那么，是否可以更深一步，从动力来源上解释格式塔现象呢？随着时代的进步，认知神经科学的发展对格式塔原理进行了有效的补充。

4.4 我们看到的和感觉到的是什么

1 意识的生物神经学解释

人们都听说过“神经”与“脑细胞”这样的词汇，它们就是组成大脑的神经元（neuron），是大脑基本的信号处理单位。除此之外，神经系统还有一种细胞，叫作胶质细胞，数量几乎是神经元的 10 倍，但是胶质细胞并不能传递信息，它的作用主要是“辅助”神经元细胞，例如，保护神经元、过滤化学物质、增强信号传递等。

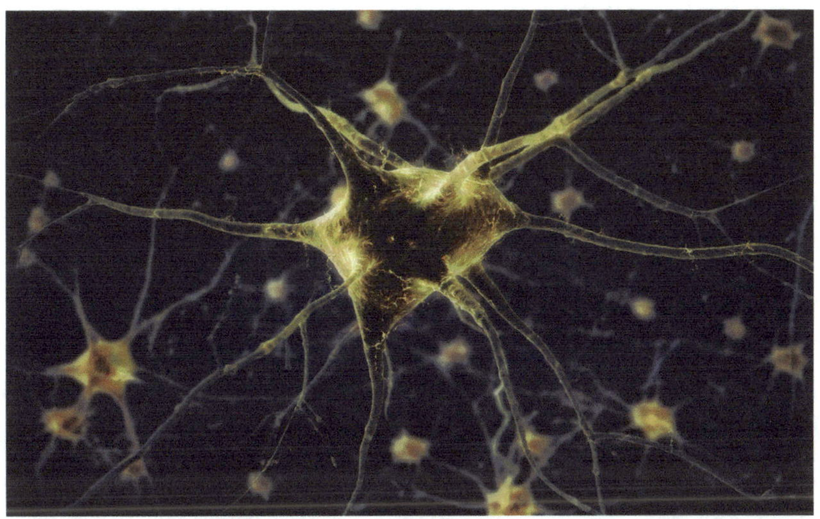

20 世纪 50 年代，电子显微镜的出现，作为确定神经元学说（neuron doctrine）的最后证据

人们看到事物和感觉到事物都在同一个地方——大脑，那么意识的生物存在是什么？

这个问题非常复杂，尽管胶质细胞的数量巨大，但是大脑里的信号主要是由神经元构成的，显然只有通过神经元的作用才能解释清楚。

首先，所有的意识与感觉在生物本质上都是由神经元完成的，它的生物基础是相同的。一个苹果与一只猫的区别、红色与蓝色的差异、图形与声音的差异等，其神经的本质都是由神经元的活动和连接方式完成的。

其次，意识与感觉的差异不是由细胞决定的。人体的内脏器官功能不同，是因为干细胞分化成了不同类型差异极大的细胞，比如胃里的肌细胞和心脏里的肌细胞是不一样的，但是神经元细胞并无本质区别。

最后，意识与感觉的差异是由神经元间“合作机制”的差异导致的，而非直接的细胞差异造成的。神经元之间连接的强度和方式最终形成了人的意识和感觉之间的差异，这种“合作机制”是需要研究的关键，要理解“合作机制”，需要进一步知道神经元是如何“构成”大脑的。

2 大脑——神经元构成的网络

神经元是神经系统的基本单位，它的特点是具有较长的轴突和较短的树突，神经元之间通过轴突或者树突上相连的突触传递信息。如果把神经元细胞比作一个具有开关的小型计算机，那么它伸出的轴突和树突就是单向的“网线”，突触就是网线的“接头”，这个小型计算机根据其他网线（可能是神经元，也可能是感觉细胞）传递来的刺激类型与强度决定如何反应，当产生超过一定阈值的刺激时，我们就形成了意识。

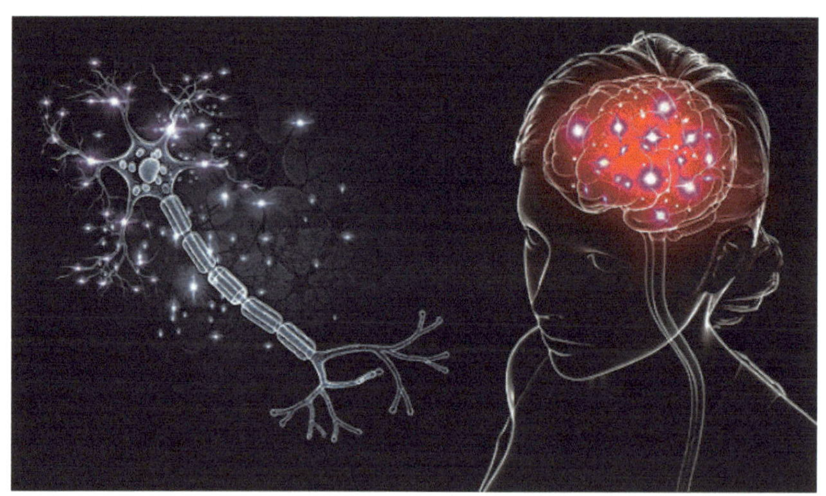

神经网络构成了“意识”的基础

人的大脑就是由 960 亿个彼此相连的“计算机”与它们的“网线”相连构成的庞大复杂的“网络”，这个“网络”运行的基本原理就是赫布定律，也就是基本的“合作机制”。

4.5 赫布定律

1 赫布集合的基本定义

唐纳德·赫布（Donald Hebb）在1949年出版了《行为的组织》（*The Organization of Behavior*）。他在书中提出，脑内反映的某些外界客观物体的表征，是由被该外界刺激激活的所有皮层细胞组成的，赫布把这群同时激活的皮层细胞称为一个细胞集合（cell asssembly）。突触前神经元向突触后神经元进行持续重复的刺激后，会使传递的效能被强化或改变。

这句话的意思就是当有邻近的刺激时，无论是空间邻近，还是时间邻近，邻近元素都会形成一个被强化的整体。

下面通过简单、抽象的图式来一步步说明赫布集合。

首先，细胞集合是由神经元和神经元之间的连接构成的，如下图所示。

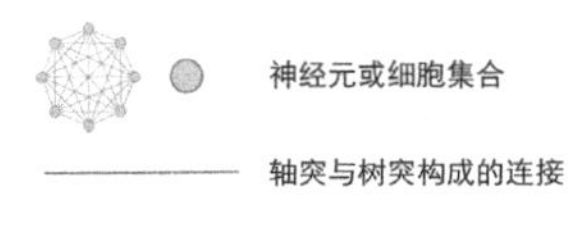

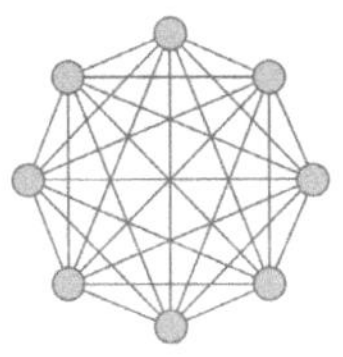

基本的赫布集合

图中的一个圆圈既可以代表一个神经元，也可以代表另一个细胞集合。

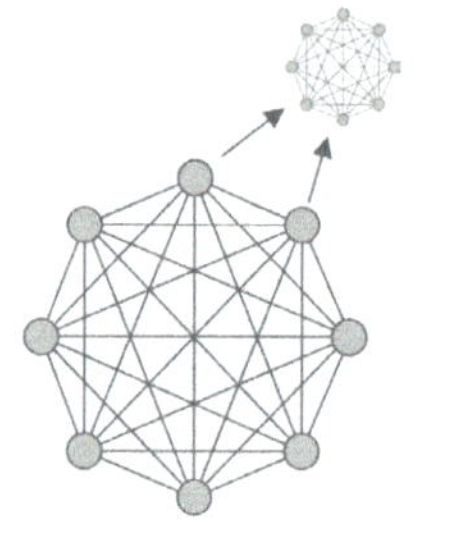

一个圆圈也可以是一个更小级别的赫布集合

所以第一个图也可以用更复杂的形式表达，如下图所示。

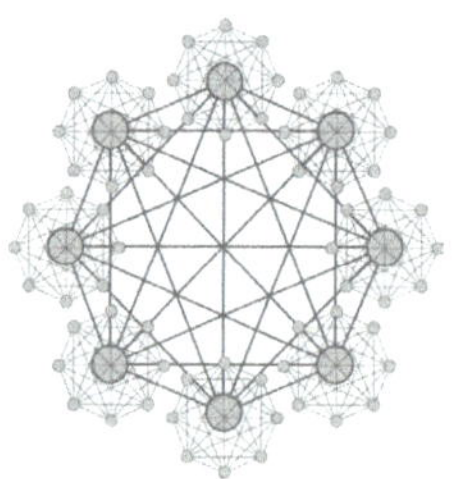

一个大的赫布集合可以由多个子赫布集合构成

2 赫布定律的产生作用的过程

前面介绍了赫布集合的基本定义，它产生作用分为两步，第一步是同时刺激，形成赫布集合；第二步是再现，即再现原始的刺激。下面详细说明。

（1）同时刺激

当出现一个刺激源的时候，与刺激源具有映射关系的神经元或细胞集合就会受到刺激，当被反复刺激之后，映射的神经元之间的连接就被加强了。

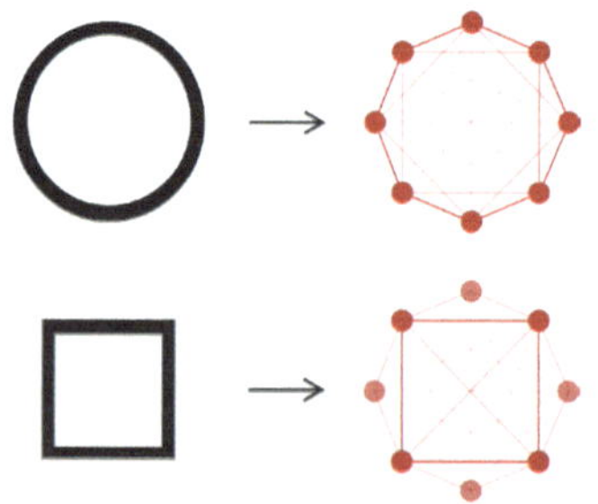

刺激会加强神经元或细胞集合之间的联系

（2）再现

同时受到刺激的神经元被加强后，只要其中的一部分受到刺激，就会通过被加强的联系（突触或髓鞘的变化）激活之前共同受到刺激的神经元。

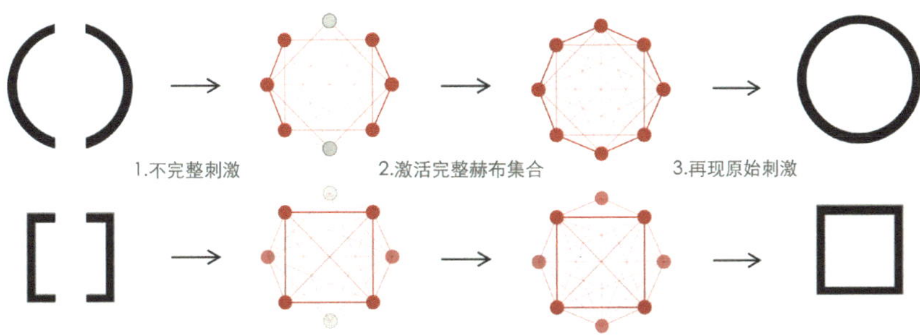

再现原始刺激

一个并不完整的刺激可以激活完整的记忆，这就是格式塔闭合原则的神经学基础。

将未闭合图形认知为闭合的倾向

大家可以思考一下邻近元素之间构成的整体与赫布集合原始刺激之间的关系，这二者是不是有什么联系呢?

4.6 邻近原则与再现

是不是把邻近元素看成一组就是激活了赫布集合的原始刺激呢？也就是说，任何意义上的邻近现象，都应该有一个原始的赫布集合。如果没有原始的赫布集合，即使出现了邻近现象或者闭合的图形，也不会激活赫布集合。下面通过一个有趣的图片来证明。有一张著名的素描，由 R.C.Jasmes 所画，如下图所示。

由斑点组成的素描

当第一眼看到这张图的时候，看上去就是一堆没有意义的斑点，但是如果被告知这张图中有一只狗，人们就再也不会把这张图看成没有意义的斑点。在被告知图中有狗后，人们可以把狗的斑点从其余的斑点中区分出来，这就说明确实存在闭合的图形，这个闭合图形就是“狗的赫布集合”被再次激活的效应。

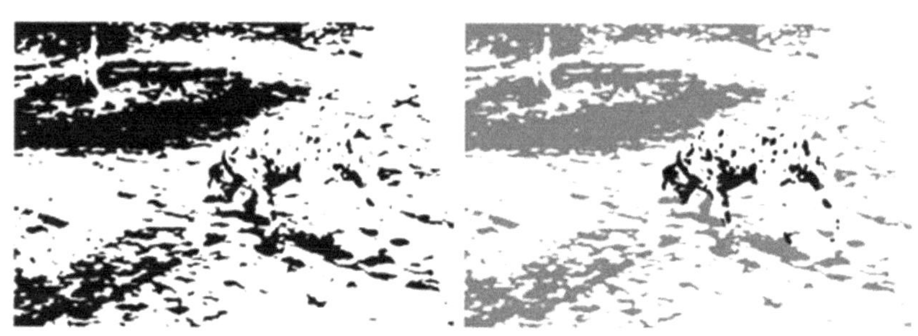

再现斑点狗

那么，为什么最开始看这张图的时候没有看出里面有一只狗呢？显然答案就在于混乱的斑点没有有效地激活“狗的赫布集合”，所以即使存在斑点，由于源头的赫布集合消失在杂乱的斑点中，造成了激活失败，因此人们就没办法激活“狗的赫布集合”。因此，可以说：原始图形的刺激是再认图形激活后，产生邻近与闭合效应的原因；无论是空间临近，还是时间的邻近，都是激活了一个在人脑中既有的赫布集合。

1 空间同义邻近的激活

4 个靠近的正方形激活的是一个长条的细胞集合。

4 个正方形激活的是长条的细胞集合

同样，根据赫布定律也可以知道，紧密排列的正方形比稀疏的正方形更容易激活长条的细胞集合，空间同义邻近的激活是人们视觉识别能力的基础。

2 空间异义邻近的激活

IBM 商标就是空间异义邻近激活的标准案例。

空间异义激活

根据赫布定律，也可以知道，缺失更少的图形比缺失更多的图形更能表现出封闭性。

空间异义邻近的激活开始成为人们识别具有更为复杂的意义的基础。

3 时间语义异义邻近的激活

“今天是 xxx 日，xxx 事件发生”这一句式结构似乎成了人们约定俗成的固定结构，所以当上句出现时间的时候，下句出现的事件就会自然激活这个结构，“今天是星期六，火箭队赢球了”就变得自然不过。与“时间—事件”这种较强的结构不同，“时间—时间”的激活强度就小得多，例如，“今天是星期六，后天是星期二”，只有相对思考一下才会发现，星期六的后天是星期一，时间排序使人们激活的是 7 天循环一个星期的结构，这种结构远没有“时间—事件”

更容易分辨。

4 时间场景异义邻近的激活

时间场景异义邻近的3个故事，激活的是3个具有因果关系的事件结构。例如，“剖腹产的故事”“意外事件的故事”“被迫伤害自己孩子的故事”，前两个故事是常见的，因此大多数人并不会产生过度突兀的感觉，但第三个故事显然更需要“解读”和“申明”。

4.7 激活的认知意义

首先，可以尝试从直观的角度感觉赫布定律激活的意义。如下图所示，如何理解“X”的构成？

X是由两条斜线构成的吗

下边这个相对复杂的图形是怎么构成的？

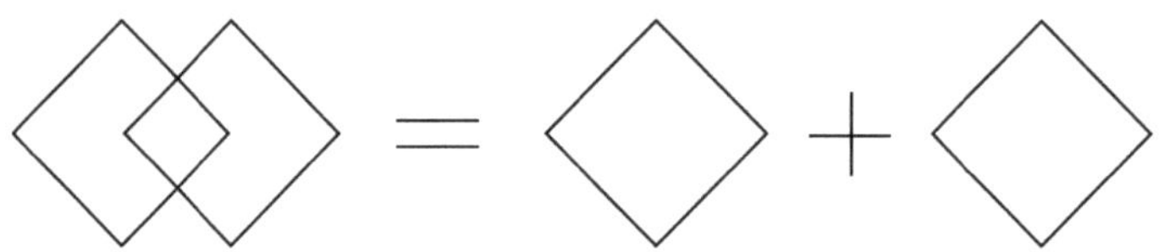

这个图形是由两个倾斜的菱形构成的吗

人们会自然地认为这个类似“X”的图形是由两条线交叉构成的，而不是由两个“V”拼合而成的，对于这个复杂的图形，人们也会自然地把它拆解成两个菱形的组合。

X为什么不可以由两个V构成

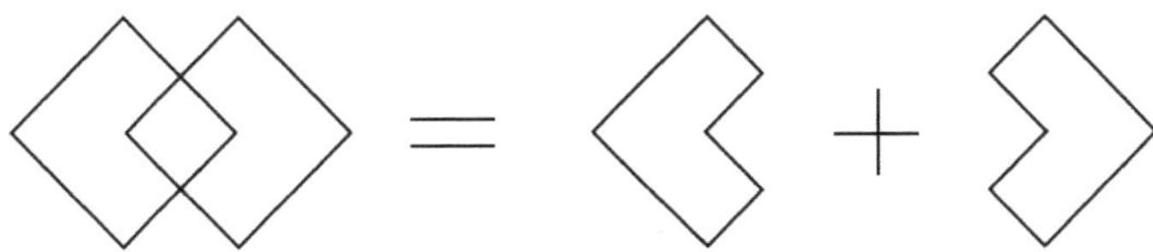

这个组合图形为什么不可以由复杂的方式构成

对于这样的现象，格式塔理论将其总结成至简法则：人们往往将看到的不同元素以一种最简单的形式，形成一个稳定、连贯的形状。

在 03 章讨论过比德尔曼的几何离子集，讨论过视觉的识别——再认过程。对于视觉识别的关键是记忆尽可能少的信息，这样无论是识别的效率，还是记忆的难度都会降低。把一个对人们来说陌生的事物解释成为熟悉的事物需要经过重组或变化，这样人们需要记忆的就是熟悉的事物以及简单的变化规则，而不是一个又一个新事物。

毫无疑问，人的视知觉将“X”拆分成两条相交的直线，把复杂的图形解构为基本的菱形就具有了非常重要的意义，这样可以极大地降低认知的难度。

邻近原则产生效果的过程就是通过“刺激—再现刺激—激活”赫布定律的过程降低认知成本。将临近的元素当作一个横条记忆进行识别、将长短不齐的横线当作 IBM 这 3 个字母来识别、将互相之间没有确切的画面和场景以熟悉的故事识别，都可以最快地赋予视觉信息以意义，这也是格式塔原则及赫布定律的意义。

4.8 设计与邻近原则

1 空间同义的邻近布局

“无框 UI 设计”就是通过基本的空间分隔来组织相邻的视觉元素的，比如 Airbnb 的页面设计。

“无框 UI 设计”通过距离分隔不同部分

下部的“体验”内容与“房源”内容之间完全没有线框，而“体验”内容和“房源”之间的空白比较大。再比如，Medium 首页的截图，仍然是通过空间分隔不同部分内容的。

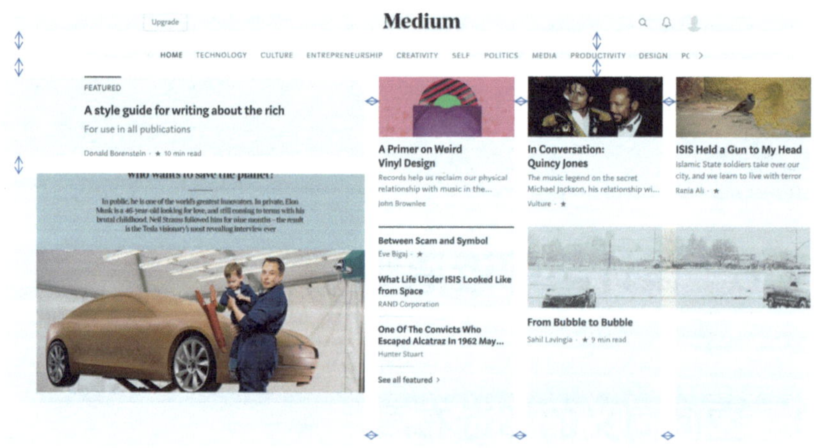

Medium 首页同样使用空间分隔不同的部分

相对早期的 *Material Design* 指导原则中组件（Components）对浮动按钮（Buttons：Floating Action Button）的规定也是格式塔邻近原则的应用。浮动按钮是一个悬浮在界面上的圆形按钮，点击悬浮的浮动按钮后，会转换成几个相关的动作按钮。

安卓系统的浮动按钮

按照设计原则，点击浮动按钮后应该转换成相关的动作按钮（如绿条上），而不应该转换成无关的动作按钮（如红条上）。

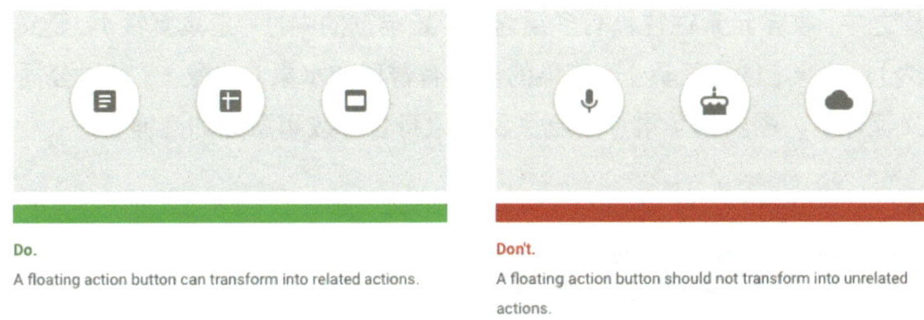

浮动按钮的使用规范 1

再如下图所示。

浮动按钮使用规范 2

当点击设计正确的浮动按钮时，出现的是一组头像，此时可以猜测点击头像后会进入相关的个人页面。而如果错误地将点击后的图标设计成“麦克风”“蛋糕”“人”的组合，实际上可能激活的是一个过生日唱歌的场景，这就变成了空间异义邻近的场景，这是邻近原则使用中经常出现的问题。

2 空间异义的场景构建

独立的视觉元素一旦进入场景就会对场景和自身的意义产生影响，成为场景的一部分，进而失去独立性。进入场景的视觉元素分为两种：第一种是纯粹的简单图形，比如圆形与正方形的对比；另一种是具象的复杂图形表现出超出图形的意义，如“五角星”可能代表的是收藏，或者类似于前文中的电锯表达出的 3 种含义。

空间异义场景构建中的视觉元素会根据场景的变化形成不同的效果，引起不同的激活，所以构建的重点并非单纯的元素，而是“视觉元素—场景”的整体效应，在构建之中，视觉元素往往具有多重含义，如电锯的中性（工具属性）、贬义（破坏自然）、褒义（创作工具），苹果的含义有普通的水果（本意）、苹果公司（图形意义延伸）、图灵的苹果（“吃了毒苹果身亡”故事意义的延伸）。

3 时间的语义异义邻近

导航软件语言对位置的表达依赖于上下语义的构建，如“前方行驶 300 米后左转”，“前方”指的是相对于软件使用者自身的位置。也就是说，语义邻近的范围可以连接可视环境和抽象的语音环境，可视环境的语义与语音环境可以通过时间邻近联合起来。反过来，“听觉—视觉”过程的语义邻近在软件交互中也在使用，比如，使用声音配合图像的新手引导过程，如下图所示的 Facebook 公司的新闻类软件 Paper 的新手引导过程。

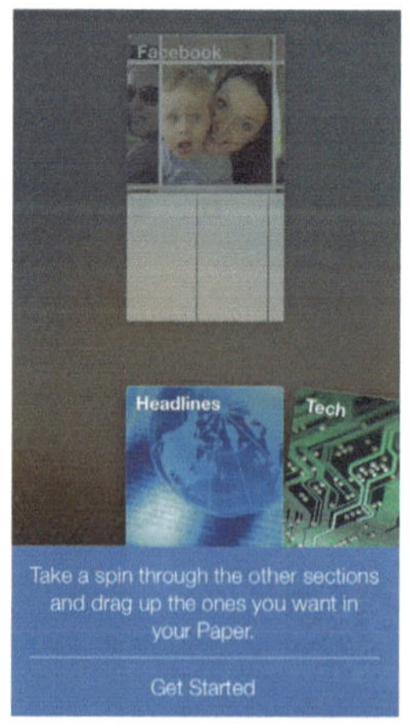

在初次启动时，引导通过语音完成

人工智能兴起的一个重要标志就是语音识别的应用，在这其中最为基本的就是抽象语义在各种环境中的邻近，可以是基本的“听觉—听觉”，也可以是“视觉—听觉”与“听觉—视觉”，相关内容会在“13　人工智能与 UI 设计—— 智能的本质”中继续讨论。

4　时间场景的异义邻近——共同命运原则

先看如下图所示的图形。

图形逐渐变化

这是一组渐变的图形，人们会自然地认为最后一个图形是第一个图形在时间上演化的结果，时间场景的效应就是让时间尺度上的独立视觉元素产生关联效应，格式塔的共同命运原则实际上也是时间场景的异义邻近。

共同命运原则就是具有共同的运动方向，具有相同或近似速度的元素会被组织在一起，当成具有关联的整体。在操作系统的 UI 中，选定多个文件并一起拖动文件，这些文件就会被自然地看成一组。

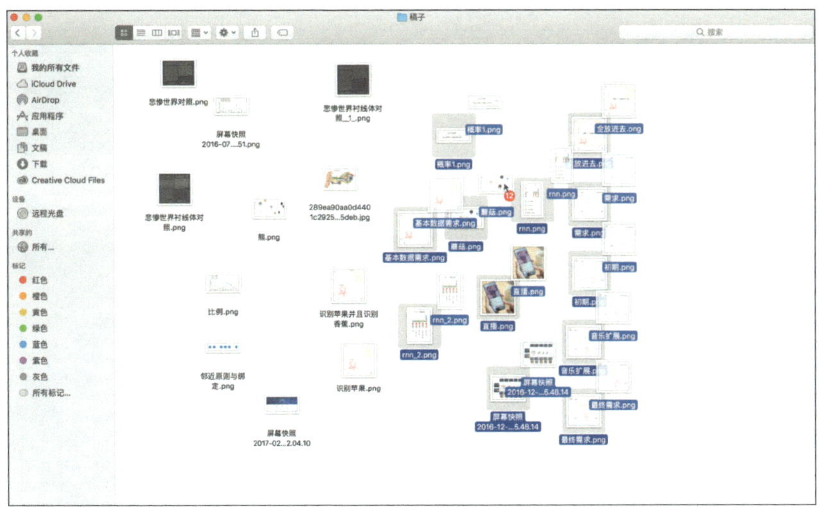

格式塔共同命运原则

这里起作用的就是被选择的文件在运动过程中时间上的一致性。事实上，不同时间点上的截图是不同的，但是仍旧可以看出运动元素之间的关系。

4.9 小结

格式塔心理学家在 20 世纪的研究尽管面临诸多条件限制，比如神经学的发展还处在初级阶段，没有计算机、核磁共振等先进的实验设备，但是他们却从知觉的研究中反向抽象出“场”的概念，用来描述构成视知觉的各部分元素之间互相影响的关系。随着时代的进步，认知神经科学登场，格式塔的“场”被赫布定律中彼此联系的神经元网络所取代，神经彼此刺激联系的活动的“场”终于变得看得见、摸得着了，作为新的解释邻近现象的基础理论，指导同样属于新生的 UI 设计。

如何合理地使用色彩

在设计界面或者设计实体产品的时候，设计师要面对一个难以抉择的问题：应该使用什么样的色彩？这个问题棘手的地方在于色彩本身的丰富性，无穷的选择和无穷的可能是设计的难点，也是设计的魅力。

本章介绍的并非万能的方法，而是从认知的角度，给色彩的使用提供一个坚实可靠的方向，避免设计中的方向性错误。

5.1 谨慎使用暖色调

大家都知道暖色调非常吸引人的注意，那么暖色调吸引人注意的原因是什么呢？是个人的偏好，还是确实存在明确的证据，证明人们更容易被暖色调吸引？

1 格式塔学派的实验

格式塔学派曾经对人的色彩辨识做过相应的实验，可以在某种程度上支持暖色调更吸引人的说法。“硬色”（暖色）比起“软色”（冷色）可以提供更好的分离，以及最清楚的清晰度。如下图所示是依照相关实验对从最清晰的色彩分离到最弱分离的展示。

硬色与软色的对比

上图说明人们对暖色调具有更好的敏感度，更容易通过暖色调区分事物，但是格式塔理论并没有说明以下内容：

① 人眼中的色彩世界是如何组成的，有哪些基本的“元色彩”（可以组合成各种色彩的色彩）。

② 肯定暖色调吸引人并不等于说明了暖色调吸引人的原因——暖色调吸引人

的原因是什么。

为了回答以上问题，要从人的视觉感光细胞说起。

2 视觉三原色与视锥细胞

回答前面①的问题：人眼中的色彩世界是如何组成的？有哪些基本的“元色彩”？由于红、黄、蓝可以调配出大部分色彩，红、黄、蓝也因此被称为三原色。

三原色

那么，三原色是不是就是构成人视觉的“元色彩”呢？

答案是否定的，“元色彩”不是红、黄、蓝，而是红、绿、蓝，它们被称为视觉三原色。

视觉三原色

这种三原色理论被称为杨－赫尔姆霍茨理论，解剖学和神经科学的发展证实了这个理论的正确性。下面说明一下这个理论的生理基础。

首先，人眼有两种对可见光进行初级加工的细胞，分别是视锥细胞和视杆细胞。

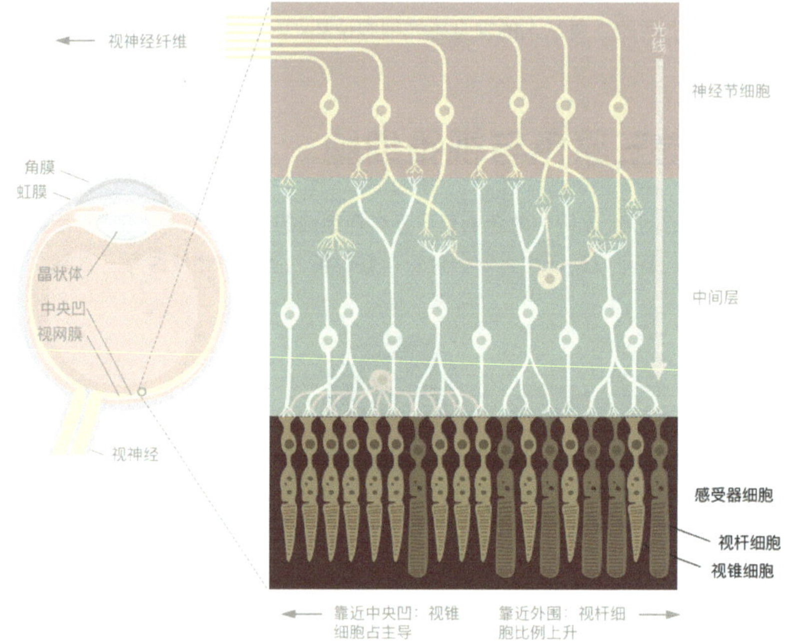

视网膜结构——强调感光细胞部分

视锥细胞对色彩产生反应，视杆细胞对明暗产生反应。

其次，视锥细胞分成了 3 种，分别对红、绿、蓝这 3 种色彩产生更为显著的反应，不同类型的感光细胞对不同波长的可见光具有不同的吸光率，如下图所示。

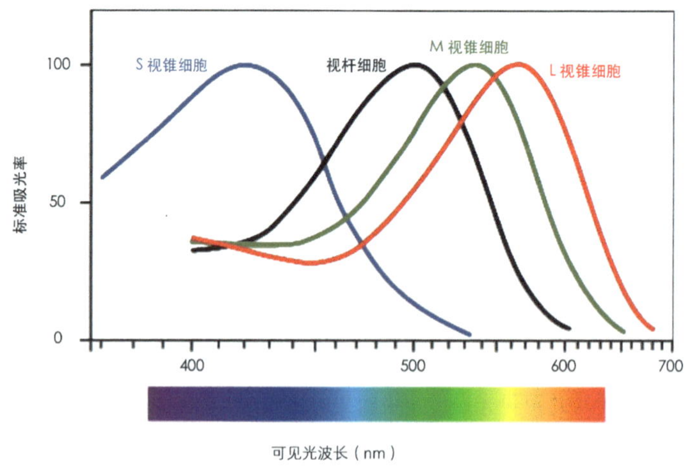

不同感光细胞对不同波长可见光的吸光率

从图中可以发现，L、M、S 视锥细胞的波峰分别对应红、绿、蓝 3 个色彩，这就是红、绿、蓝成为视觉三原色的生理基础。

3 暖色调更吸引人注意的原因

现在回答前面②的问题：暖色调吸引人的原因是什么？

不同视锥细胞对不同波段颜色的吸光率是不同的，但是峰值的大小却是近似的，比如，S 视锥细胞对在 420nm 附近的蓝色吸收率与 L 视锥细胞在 570nm 附近的红色吸光率是相近的。但是吸收未必代表敏感，这时还需要知道视觉对不同波长的敏感度，如下图所示。

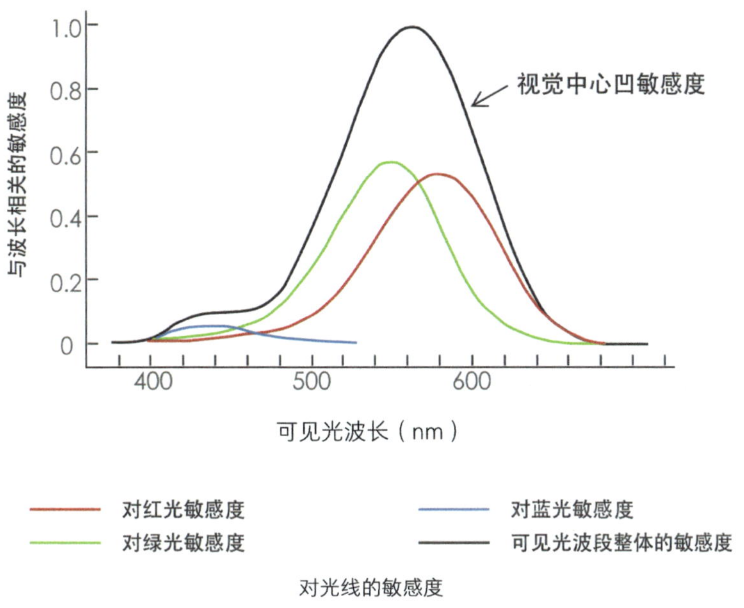

对光线的敏感度

从图中可以发现，人的视觉对蓝光的敏感度最低，而对红色与绿色波段的敏感度最高。同时，非常关键的是，对红色敏感的部分与对绿色敏感的部分是重叠的，并且与整体的高峰部分在相同的波段重叠。

这张图似乎说明了人对暖色调中红色部分的敏感。但是又出现了新的问题：人们是如何保持对其余暖色调敏感的？比如黄色和橙色。

4 如何感知黄色

3 种视锥细胞解释了色彩三原色，我们可以直接感受到红、绿、蓝，但是对黄色的感知却不是直接的，而是间接的，这就需要说明视网膜结构的中间层与神经节细胞产生的作用。

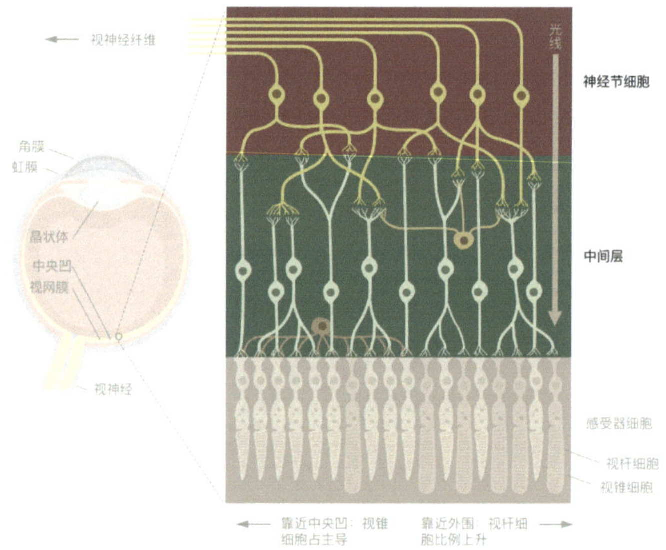

视网膜结构——强调神经节细胞

红、绿、蓝 3 个颜色具有直接联系的中间层（双极细胞等）可以直接传递 3 种颜色的刺激，但是观察上图可以发现，中间层的细胞与神经节的细胞并不是一对一地与视锥细胞相联系的，而可能是多个视锥细胞与一个中间层细胞（双极细胞）相连，而神经节细胞也不是只和一个中间层细胞相连，这种结构的意义是什么呢？

下面来看拮抗理论对黄色的解释。

19 世纪，德国生理学家黑林提出了拮抗理论：视觉系统存在两种感受器，一种对红绿反应，红色兴奋、绿色抑制，或者绿色兴奋、红色抑制；另一种对蓝黄反应，道理与红绿一致。

再看一下视锥细胞和视杆细胞吸收率的图，可以发现，黄色处在红绿相关的视锥细胞吸收高峰区域相交叠的地方，那么答案也就是对红绿反应的视锥细胞同时激活了蓝黄感受器，并让人看到黄色。

除了作为信息出现的提示色，红色也作为最吸引人注意的颜色使用。

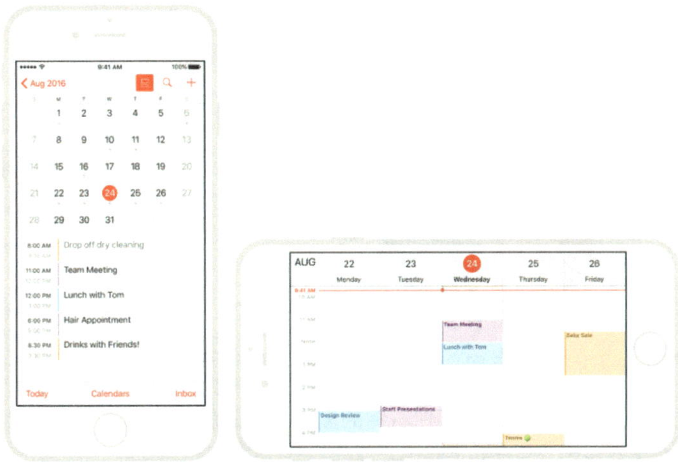

iOS 系统自带的日历中的红色代表选中

5.2 为色盲设计

前面分析了视网膜中各种细胞的工作机制，其中的拮抗机制除了是人们形成黄色知觉的基础，还与人类的视觉缺陷相关，这就是色盲。下面 4 幅图分别展示了正常人、红色盲、绿色盲、蓝色盲眼中的 RGBW（红绿蓝白）。

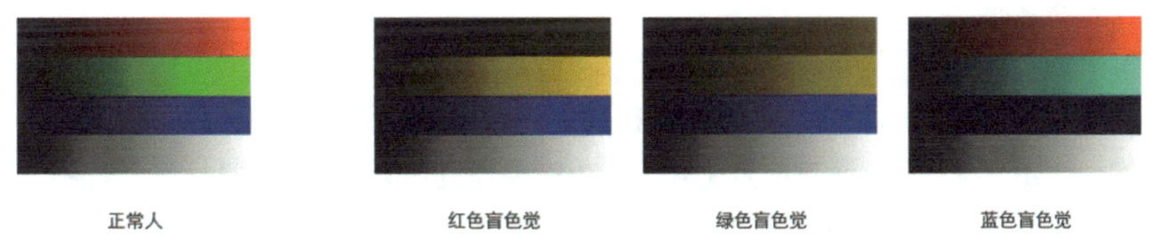

正常人与不同类型色盲的色觉对比

通过上图可以明确地发现单色色盲造成的成对色彩辨认的失效，也就是说，色盲往往是成对出现的，比如很少说红色盲或者绿色盲，而是说红绿色盲，这是为什么呢？

为了更好地解释色盲的形成机制，先回顾这样的场景：小的时候大家都玩过这样的游戏，比赛盯住太阳，看谁坚持的时间更长，当忍不住把目光从太阳移开的时候，视野的中心出现了一块深色的斑块。这种效应就是负后像效应，可以通过下面的图片重复这个效应。

负后像效应：盯住左侧图片中心黑点一段时间后，再看右侧黑点会出现拮抗色彩的图形

先盯住左侧黑点一分钟，再盯住右侧的黑点，眼前就会出现一个与左侧“三色正方体”呈补色的“三色正方体”。

负后像效应的关键就是成对的色彩之间的神经节细胞层面的抑制作用：红色与绿色互相抑制，蓝色与黄色互相抑制。当盯住太阳的时候，会极其强烈地抑制深色的感觉，当盯住红色的时候，会抑制对绿色的感觉，而当移开视线时，抑制作用消失，被过度抑制的感觉就会涌现出来，过度补偿并形成实际上并没有看到的色彩感觉。

造成色盲的重要原因就是特定视锥细胞的发育出现了问题。红绿色盲中红色与绿色成对出现的原因就是，当绿色视锥细胞缺失的时候，对红色视锥细胞的抑制失效了，因此当绿色出现的时候，绿色视锥细胞的反应较弱，红色视锥细胞没有获得应有的抑制，结果就把绿色看成了红色视锥细胞与绿色细胞共同刺激产生的黄色。红色视锥细胞缺失也会造成对绿色抑制的减弱，同样会产生看到黄色的感觉。

这不是一个轻松的话题，当一个人被判定为色盲后就很难从事与色彩相关的工作，比如，设计师、画家甚至生化专业（需要通过色彩判断物质）。在男性中，有大概 8% 的红绿色盲，在女性中有大概 0.5%，所以在所有人口中几乎有 4% 的人具有各种各样的色盲。

因此，如果设计一款目标为普通大众的界面，那么针对红绿色盲的设计也必须考虑。在男性受众更多的游戏界面，很多公司推出了专门的色盲模式，例如，PC 端的《英雄联盟》《魔兽世界》，家用游戏机 PS4 的《巫师 3》。如下图中游戏的血条，左侧为正常的绿色，右侧则是为色盲专门转化的红色。

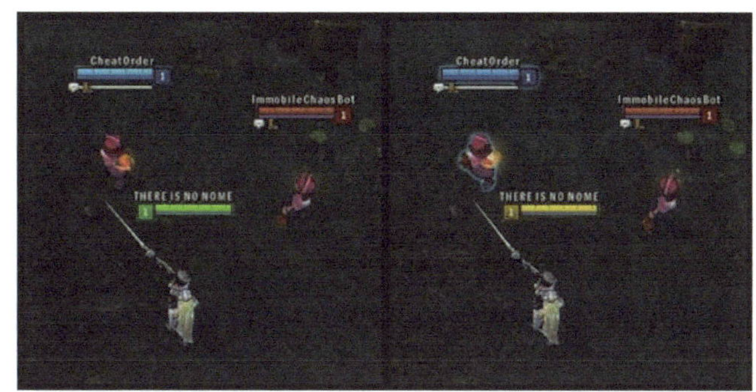

色盲模式

5.3 构建合理的色彩环境

1 色彩恒常性

在互联网上有一个有关裙子颜色的争论，如下图所示，有人认为裙子的颜色是白金色，有人认为裙子的颜色是蓝黑色。真实的情况是裙子本身确实是蓝黑色的，但包括笔者本人在内的很多人都认为裙子是白金色。

裙子是白金色还是蓝黑色

这种“错误”尚能引起争论，MIT 教授 Edward H. Adelson 所作的下图中，对于灰色色块上 A 与 B 的明度，所有人都会“错”把 A 和 B 当成不同明度的灰色（如左侧图所示），而事实是 A 与 B 是相同的灰色（如右侧图所示）。

灰色错觉

这个现象引出了视觉系统最为重要的特性之一：色彩的恒常性问题。

在一般的认识上，人们认为色彩是固定的，一个颜色一直就是这个颜色，而上述两个例子则告诉我们似乎不是这样的。如果以绝对值衡量 A 与 B，是不该区分 A 与 B 的差异的，可是“正常”的视觉系统明确地告诉我们方块 A 与 B 的明度不同，这又是怎么回事？

一个灰色的物体在过度照明的条件下呈现的是白色，而在照明不足的时候呈现的是黑色，如果色彩是固定的，那么我们看到的应该是两个不同的东西，然而事实上，视觉系统根据视觉元素所处的环境修改了我们对明度和色相的感觉，让人感觉灰色依旧是灰色，白色依旧是白色，如下图所示。

曝光不足人们也能“脑补”猫的白色

即使曝光严重不足，猫的实际颜色依然是深灰色，但是我们却毫无疑问地说这是白猫。

所以正确的结论是，大脑对我们接收的信息“动了手脚”。客观世界的物体会根据所处环境的光线强弱和冷暖反射出不同强度的光线进入眼睛，这种反射是变化的，所以为了得到“恒常”的视觉感觉，视觉系统演化出了“补偿”的特性，根据视觉目标所处的环境进行色彩上的差值补偿，保证无论在何种光线条件下，都可以准确、清晰地看清世界，这种特性就是色彩恒常性。

前面裙子的色彩问题正是由于看到裙子的人的视觉环境处在一个临界值上，将裙子看成白金色的人身处一个照明相对较弱的环境，好比灰色在黑暗的环境中被看成白色（如方块 B），而将裙子看成蓝黑色的人身处一个照明较强的环境，好比灰色在明亮的环境被看成黑色（如方块 A）。当然还有一点，因为每个人的神经系统和生长环境不一样，形成了个人化的色彩感觉。

蓝黑色对比白金色

色彩恒常性说明人对色彩的感觉是通过检测环境与色彩主体的反差而进行优化的，因此在设计中要根据视觉元素自身的色彩环境进行设计。

下图是一组模拟 icon 的色块，可以借此观察渐变阴影带来的立体感觉。

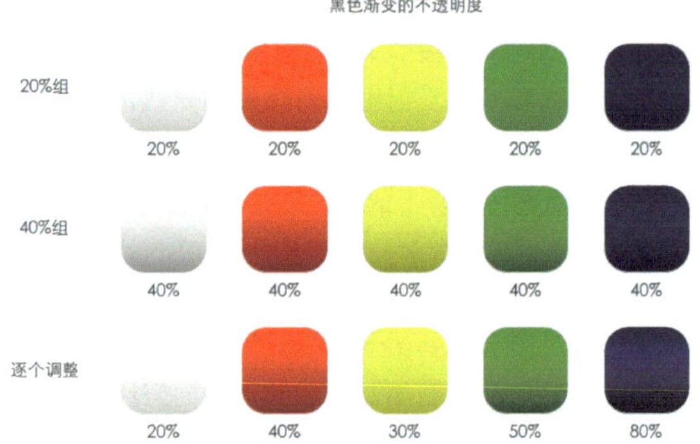

不同颜色的 icon 与黑色渐变

在 20% 组中，只有白色色块的阴影较为明显；在 40% 组中，白色色块、红色色块、黄色色块的阴影都较为明显，而白色色块的阴影已经显得过重；第三组通过逐个调整阴影获得近似的阴影感觉，发现需要的黑色不透明度与色块的明度相关，为了达到同样的阴影效果，明度越低的色块需要的阴影越深。

2 韦伯定律

先来看下面这张图。

左右的颜色是一致的吗

两个类似繁体字“門”的相连图形是同样的明度或者色相，但是上半部分图左边的灰色看上去比右边更深，下半部分左边的红色看上去也比右边的橙色更深，这是因为神经系统把明度与色相的差距拉大了。如果切换到设计师熟悉的场景，就是在学习素描的时候，老师反复强调的明暗交界线要区分开。

色彩恒常性说明人的神经以相对值而不是以绝对值感受明暗甚至色彩，这在认知科学上被称为韦伯定律。

下面通过一个直观的问题感受韦伯定律：我们是不是以一个固定的音量阈值来识别声音呢？也就是说，一段话的声音在频率不失真的前提下，只要达到一个标准的音量，我们是不是就可以听得很清楚？

通过两个生活中的小例子就可以发现答案是否定的。例如，喜欢戴着耳机听音乐的人可能经常会遇到这样一种情况，就是戴着耳机听歌的时候会以非常大的声音说话，如果是在自习室，声音可以大得吓到问你数学题的同学。类似的，刚进入一个人声鼎沸的餐馆，在不知不觉的情况下，我们会放大说话的音量并且最终适应这种吵闹。

韦伯定律的含义：在同类刺激之下，其差异阈限的大小是随着标注刺激强弱而呈一定比例关系的。韦伯通过对感觉的刺激进一步研究还发现，对两个刺激物的辨别能力不是取决于两者差异的绝对值，而是取决于差异的相对值。当我们购买一个原价 9 元的商品，如果降价了 2 元就感觉降价非常多，而如果它的原价是 9000 元，即使降价 10 元也会让人感觉降价很少。

感觉对刺激的反应是根据刺激所在的背景（产生背景刺激）反应的，更进一步地说，是根据刺激与背景（产生背景刺激）的变化比例产生反应。一方面，物体明暗与色彩反差较大的时候，视觉会继续放大这种差异，强者愈强，弱者愈弱，这就是马太效应；另一方面，对同质刺激的削弱就是色彩恒常性的基础，即使是在不同冷暖的光源下，我们的视觉也会调整看到的色调，尽力还原色彩本来的样子。

色彩恒常性就是韦伯定律在视觉层面产生的效果。

5.4 设计中的色彩恒常性

1 夜间模式

光照环境会影响视觉的基本感受，在夜晚的时候，即使智能手机具有自动降低亮度的能力，但是纯白色的底调依旧太亮。在低照明条件下，我们的自动补偿机制会过度放大界面与周边环境的差异，使手机界面显得非常刺眼，所以很多界面特意制作了夜间模式，避免视觉系统对界面明度的过度补偿，如下图所示的搜狗搜索客户端。

正常模式

夜间模式

2 True Tone 与 Night Shift

苹果公司在 2016 年 3 月 21 日（北京时间 3 月 22 日）的春季发布会上推出了 iOS 9.3，推出了 9.7 寸的 iPad Pro，其中有一项技术为 True Tone 显示屏技术。这项技术依赖于新的四通道环境光传感器，新的传感器除了可以测量环境的明度，还可以测量环境光的冷暖，依据测得的数值屏幕会发生相应的色相偏移，使屏幕更好地与环境光匹配。

TrueTone

在此次发布会上，在这个版本还出现了 Night Shift 功能，这种以软件形式呈现的新功能是为没有升级新传感器的苹果设备准备的，使之可以根据个人的喜好调整屏幕的色温。

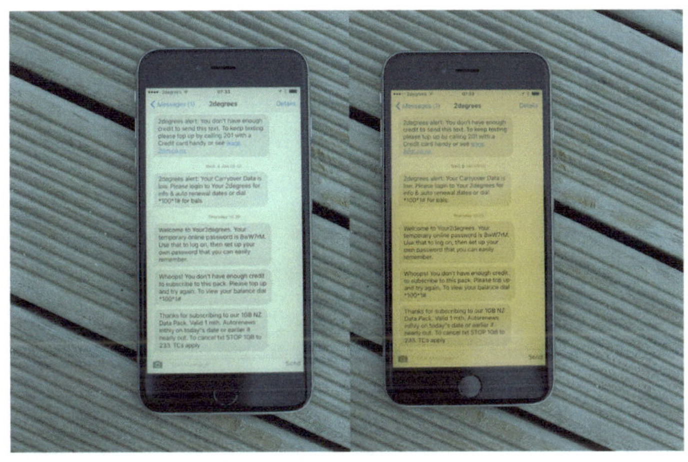

Night Shift

相对于自然的反射光，屏幕上的人工光源并不会自动发生变化，所以在环境发生变化时，屏幕产生的光源会给演化出的“补偿”机制带来干扰，视觉系统可以很好地应对环境变化，却不能很好地应对环境不变。Night Shift 与 True Tone 一软一硬的革新针对的就是色彩恒常性，尝试在色相上进行技术的“修正”，使屏幕显示的内容让人感觉更舒适。这一软一硬的革新本身并没有引起人们过多的注意，但它们却指向了一个崭新的硬件更新方向：调节人工光源的色相（显示屏），使之更好地适应人的视觉。

5.5 小结

视觉演化的结果就是优先处理暖色调信息，这样的结果就是我们更容易注意红色、橙色，以及黄色，明确暖色调的提示与警示作用。拮抗原理解释了色盲的成因，要求我们在 UI 设计中关注色盲模式的设计。

色彩恒常性是韦伯定律在视觉层面产生的作用，而韦伯定律并不只在视觉领域产生作用，在听觉、触觉甚至心理活动中都存在这样的效应，它作用的原理就是通过放大差异信息、弱化同质信息来帮助我们认知事物。

图形的意义与物体识别

6.1 图形为什么很重要

在 UI 设计中，icon 与 LOGO 的设计极为重要，二者构成了视觉识别的核心。但是 UI 不是只有图形轮廓般的 icon 和 LOGO，而是有着各种对比渐变，如质地纹理、斑斓的色彩，轮廓在其中如果是“重要”的，其余的则是“次要”的，那么图形轮廓的设计为何具有这样的意义？

1 利用图形获得物体的距离信息

一般情况下，获得两个物体之间的距离，用一个尺子测量就好了，但这种方法对于感觉系统肯定是行不通的，动物的身体肯定“拿”不出尺子，那么动物的身体能“拿”出什么呢？

相信有很多人都有这样的体验，在山上或旷野大喊“你是谁”，有可能会听到在山峦间回荡的声音，感受到山峦与自己的距离。这个过程就是人发出声音以固定的速度向目标“跑”去，如果耳朵能听到回声，就会有一个声音来回传递所需的时间，通过速度与时间的乘积就可以获得距离。

蝙蝠就是这样感知周围世界的。习惯夜晚活动的蝙蝠视力较弱，而听力极强，它获得物体位置信息的方法就是发出声波，根据声波返回耳朵的时间差计算距离，返回时间短的说明物体距离自己较近，相反则较远。

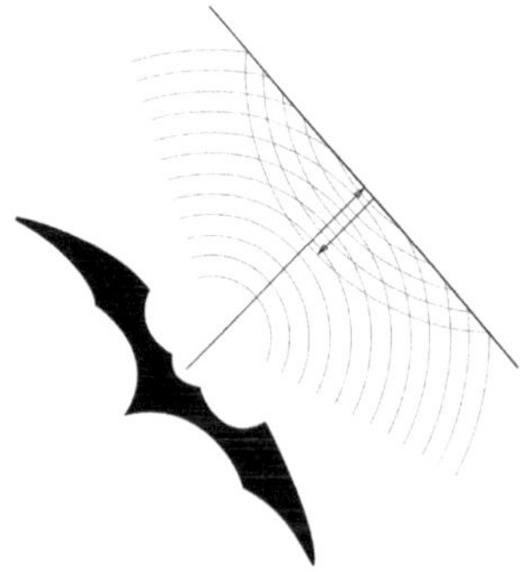

蝙蝠计算距离：距离 = 声音传播速度 × 返回时间 /2，当然，这是通过蝙蝠的大脑完成的，就像我们目测物体的距离一样

人造雷达与某些三维扫描仪的使用也是这样的原理，但是以电磁波或者激光替代了声波，使用这种方式获得距离信息的前提是信息的接收端可以精确地感知

前后返回信息的时间差，区分前后不同的声音、电磁波或者光线，而眼睛不是这样工作的。

首先，眼睛看见的光是连续的，而非由人控制发出后接收的，远处的楼房和近处的汽车无时无刻不在反射光源的光，所以我们无法通过光线进入人眼的时间差来判断物体与自己的距离。

其次，哺乳动物的神经传导信号的速度是 120m/s，而光的理论传播速度则是 300 000 000m/s，神经信号的传导速度远小于光速，所以光线从两个距离相差不太大的物体进入我们的眼睛，前后的时间差会小到神经系统根本无法感知到，那么我们看见的世界究竟是什么样的呢？

答案其实是极度反直觉的。如果时间凝固不动，那么这一刻进入眼睛的光会在瞳孔形成一个面，人眼接收到的信息实际上是“平面的”。那么如果视觉看到的是二维的世界，我们又是如何获得三维距离的呢？

我们的视觉其实是通过二维的视觉信息还原出三维的距离感觉的，还原主要有两种方式：视差与图形线索。

回想一下，我们带的 3D 眼镜是平面的，而电影屏幕也是平面的，如果可以通过平面获得真实的三维感觉，那么是不是反过来就证明了其实眼睛获得信息就是平面的呢？

3D 电影的屏幕是平面的，如何从平面获得三维的感觉

3D 电影的原理就是利用两个眼睛位置的不同形成的视差。两只眼睛看到的物体是不一样的，比如，盯住一个近处的物体，睁开左眼，闭上右眼，然后再调过来，就可以很直观地感受到先后看到了不同的画面。

而在我们平时睁开双眼的时候没有这么强烈的差异感，这是因为视觉会将一只眼睛作为主视眼提供视觉的轮廓信息，而另一只眼辅助完成视差，进而形成距离感。有关视差我们会在“07　虚拟实体、虚拟空间与 UI 动效设计”一章中详细讨论。

图形线索是获得距离信息的第二种方法，它包括遮挡、透视、参考已知物体、改变阴影和改变景深，这些内容也会在第 7 章中继续讨论。

2　通过图形来辨识物体的形态

其实形态信息或者图形轮廓的视觉信息本身是并不存在的，真正存在的是物体的色彩、质地，纹理，如下图所示。

我们明确地“看见了”大的方形轮廓和小的方形轮廓

观察上图，可以发现，只有色彩、质地、纹理，但我们“看到”了各种形状。图形实际上是视觉系统从物体视觉信息的边界反差中抽象出来的视觉知觉。反过来，作为形成轮廓的基础，当色彩、质地、纹理一致时会造成轮廓识别的困难，如动物的保护色系统。

动物的保护色就是通过破坏不同质地的边界反差来破坏轮廓的形成过程的

下面对这个问题进行深入讨论。

6.2 图形形成视觉刺激的过程

既然图形轮廓是根据不同色彩、质地、纹理的反差获得的，那么视觉是如何从“实际存在”的物理世界，抽象出“实际并不存在”的知觉感受呢？我们可以从光线进入眼睛直到神经节细胞的过程理解这个抽象的过程，首先是光线进入人眼。

1 光线进入视神经的整体过程

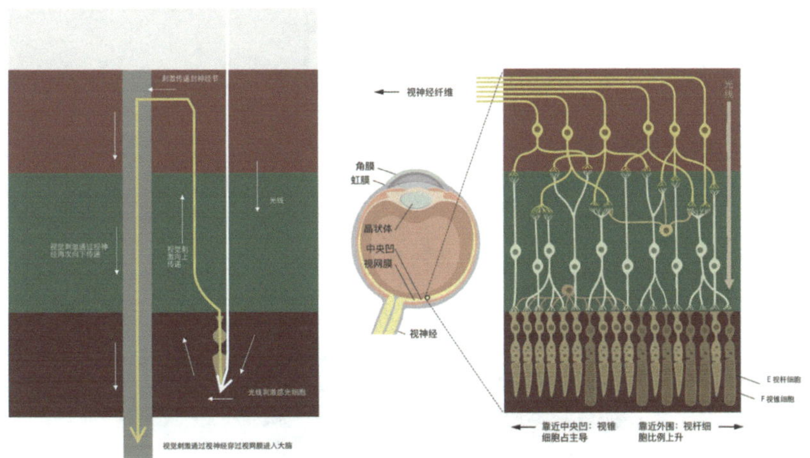

光线在眼睛中传递刺激的整体过程

光线进入眼睛后引起的刺激，并不是沿着“光线—感光细胞—视神经—大脑”路径直接传递的，而是像字母N一样往返了一次，整体过程是“光线—各种细胞—感光细胞—各种细胞—视神经—大脑”。

这就是说，光线先穿过几层细胞，然后再把整个过程倒回来，传入神经，这样在神经节细胞汇聚到视神经（optic nerve）后，为了穿透视网膜，需要留一个洞，那里没有感光细胞，这就是人的视觉盲点（blind spot）。我们之所以没有感觉到盲点的存在，是因为右眼的盲点可以被左眼看见；反之，亦然。

2 感受野

把视网膜上的相关细胞抽象化，就会得到下图。

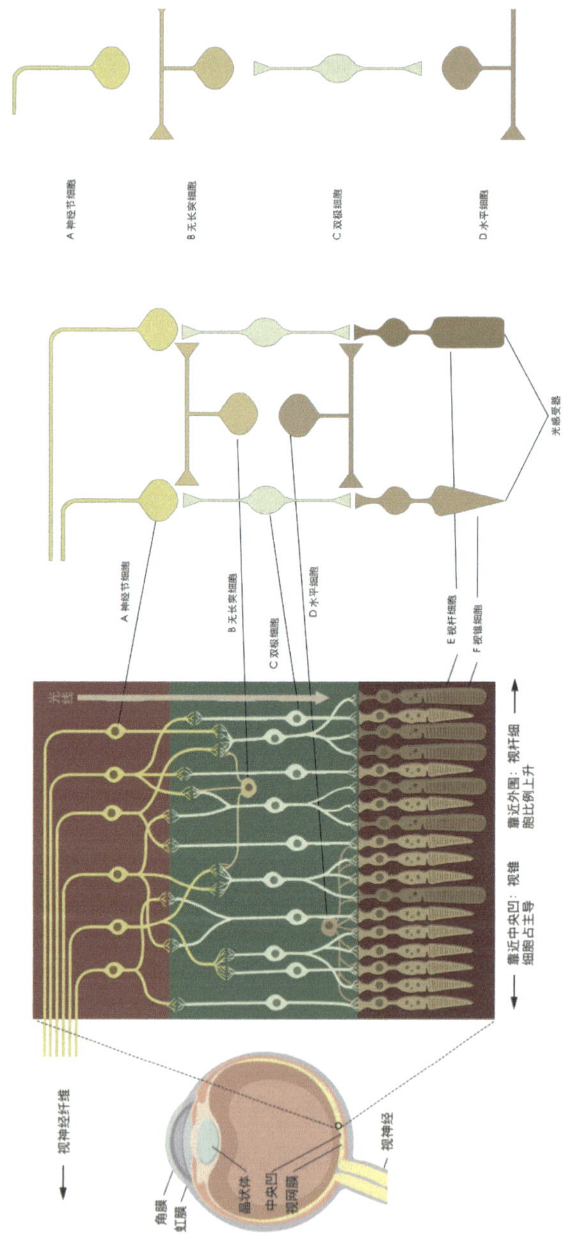

视网膜相关细胞抽象的结果

其中，光感受器、水平细胞、双极细胞构成了一个特殊的视觉结构——感受野（receptive field），把它按照刺激由上向下的顺序倒置如下图所示。

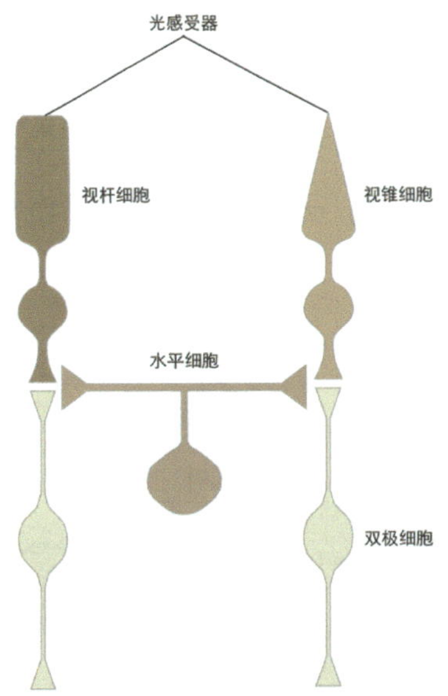

感受野的抽象图

它的真实三维结构如下图所示。

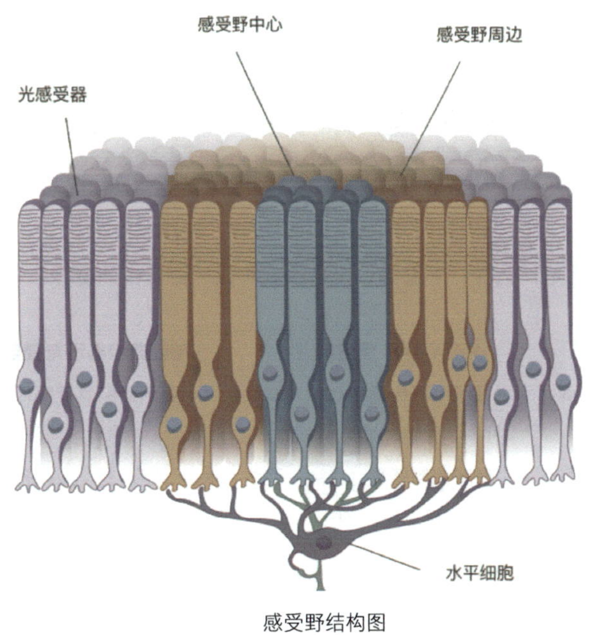

感受野结构图

观察感受野的结构，可以发现 3 个特点：①感受野存在中心和周边的区别；②水平细胞与感受野的中心和周边相连接，也与双极细胞相连接；③双极细胞除了与水平细胞相连，只与感受野的中心相连。

总而言之，区别水平细胞与双极细胞的关键点是双极细胞只与感受野的中心相连。那么，水平细胞与双极细胞这种特殊结构的作用是什么呢?

下面模拟感受野受到光线照射，然后分析这个问题，如下图所示。

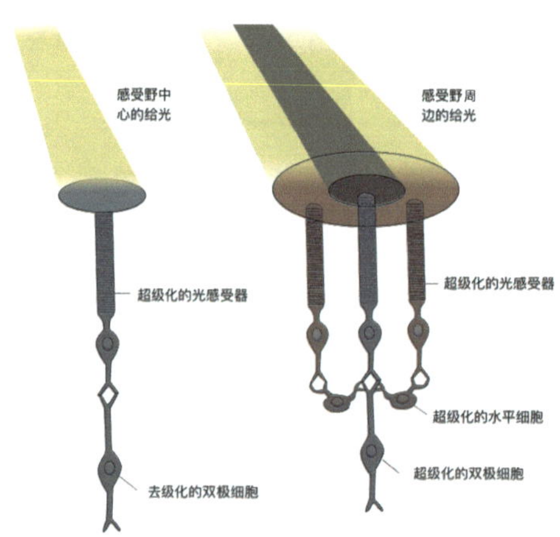

感受野受光过程

首先，要明白水平细胞的工作方式，它的作用就是当一端受到刺激的时候另一端输出抑制。如果感受野中心受到刺激传递到水平细胞的一端，那么它的另一端就会输出对感受野周边传递的刺激的抑制；反过来，如果感受野周边受到刺激传递到水平细胞的一端，那么它的另一端就会输出感受野对中心刺激的抑制。

这种结构的作用是什么呢？下面画一个表格就可以明白其中的奥妙。

	感受野中心受到刺激	**感受野中心没有受到刺激**
感受野周边受到刺激	水平细胞同时传递相对的兴奋或抑制，整体的刺激不强烈	水平细胞抑制感受野周边，整体的刺激强烈
感受野周边没有受到刺激	水平细胞抑制感受野周边，整体的刺激强烈	水平细胞没有反应，整体刺激不强烈

感受野只对具有反差的视觉信息产生反应。感受野中心和周边受到同时刺激的反应与没有受到同时刺激的反应都不强烈。

回想图形的形成过程，就是利用了物体视觉信息的边界反差，而感受野就是如此工作的，下面继续看神经节细胞。

3 神经节细胞

与双极细胞相连的神经节细胞也有类似的机制，如下图所示，测试在感受野中心明暗不一致时神经节细胞的反应。

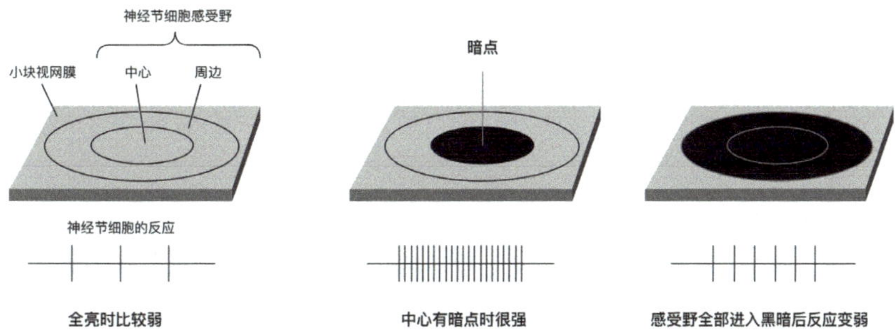

中心与外围的差异越大，反应越强烈

进一步进行测试，模拟一个阴影从感受野上经过的过程，如下图所示。

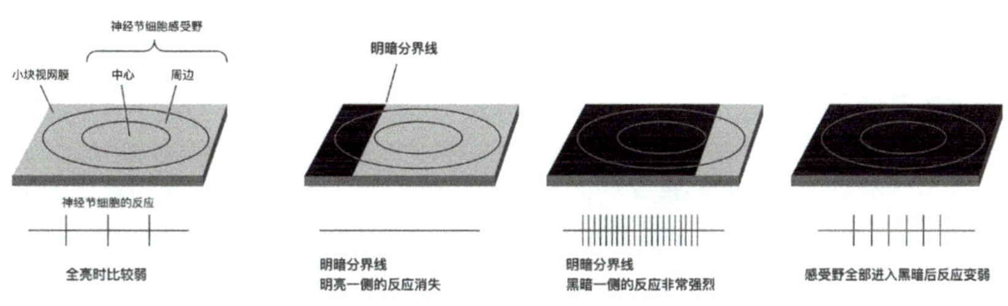

“边缘”的刺激反差最大

如果把这个围观机制叠加起来，会产生什么效果呢？如下图所示。

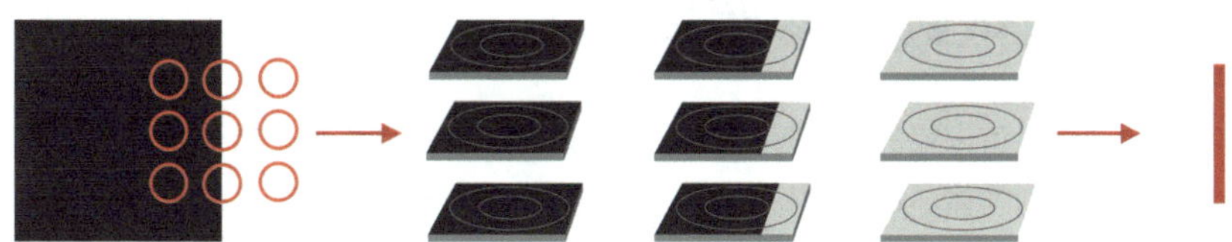

如果把神经节细胞对“边缘”的反应组合在一起，就可以解释我们如何“看到”了图形

当许许多多组神经节细胞形成的类似感受野的小模块结合后，就会把图形轮廓边缘的光线反差变成神经刺激，我们就从无到有“看到”了本来不存在的图形。

6.3 物体识别的深度思考

在“03 整齐、简化与栅格系统”一章中我们简要探讨过视觉识别与记忆的一体过程，下面结合本章的讨论，进一步深入探讨，把有关物体识别的理论放在在一起。

① 人的视觉获得的是平面的光信息。

② 视觉系统会在物体的边缘形成真实的神经刺激，让人“看到”物体的二维图形轮廓。

③ 视觉识别与记忆是一体的，记忆得越少，识别得越快。

④ 视觉的识别是从整体向局部过渡的。

如果视觉能感受到平面的信息，那么我们记忆的必然是平面的轮廓信息，因为上面的③就应该修改为：视觉识别与记忆是一体的，记忆的平面图形越少，识别的效率越高。

第三条结论引出了认知心理学的两种物体识别理论：第一种被称为视角依赖的参照框架，第二种被称为视角不变的参照框架。

1 视角依赖的参照框架

简单地说，视角依赖的参照框架类似于通过记录一个物体几个特殊角度的极限值特征来识别物体。这个理论认为，人的记忆中有丰富的特异性表征，人们只需把看到的信息与记忆中的信息进行匹配即可。比如，识别一个圆柱体，只要记住顶视图的圆形和侧视图的方形，就可以在任何特殊的角度识别出圆柱体。

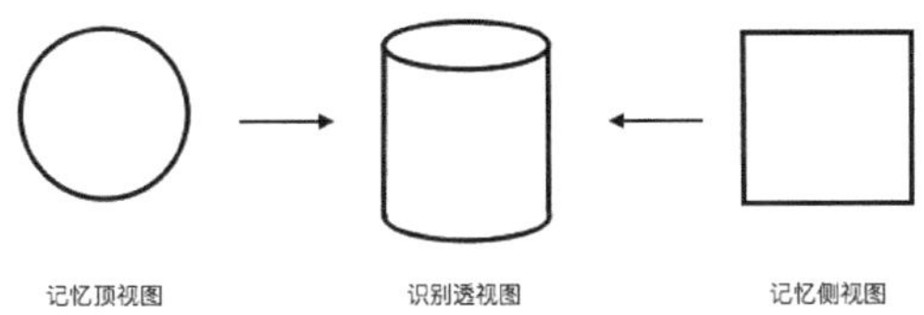

记住极限值，然后根据极限值识别图形

2 视角不变的参照框架

视角不变的参照框架正好相反，是通过记录一个物体的少数关键特征来识别物体的。仍以圆柱体为例，就是记住视角最常见的透视图，而把顶视图和侧视图作为特殊值进行处理。

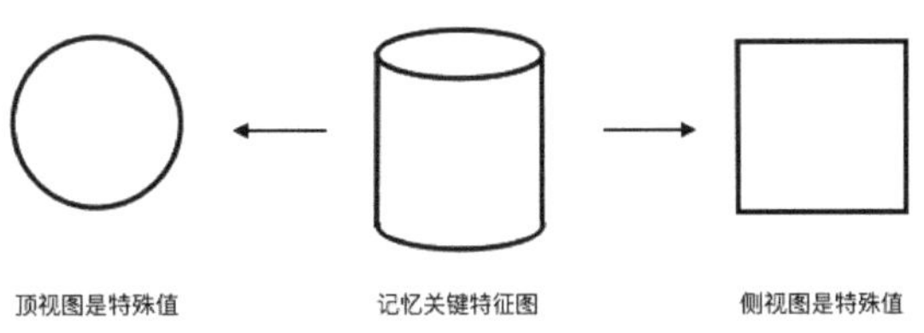

记住常用值，把极限值作为特殊值记忆

在前面这两个理论被提出后，后续的实验证明了两个理论都存在确定的实验证据。也就是说，人的大脑既记录了极限值，又记录了常见值，所有的识别值都在这些值之间摆动，大脑用最少的数据记录完成了识别任务的基础记忆。

6.4 图形识别所涉及的设计问题

理解图形形成和识别的知觉原理对设计的意义主要体现在 3 个方面。

1　启动效应与目标搜索

根据视角依赖理论，任何三维实体都会以二维的侧视图或者顶视图作为识别的基础，那么 icon 和 LOGO 设计实际上就是针对视觉识别的特点进行的设计，要求最高的识别效率。

图形识别是知觉启动的基础，目标搜索的过程就是通过注意机制强化人们对特定图形的识别，二者就是通过 icon 和 LOGO 的设计来实现的，这两个问题会在“09　如何在 UI 中引导注意力——自上而下”一章中详细讨论。

2　三维虚拟实体设计

根据视角依赖与视角不变理论，可以知道，进入人的记忆形成三维实体认知的是几个特殊值的二维图形，因此，设计三维实体与三维虚拟实体都可以通过这个特点完成，这些内容会在“07 虚拟实体设计、虚拟空间设计与 UI 动效”一章中详细说明。

3　图形风格

UI 设计中的图形都具有两重功能，体现“示能性”与自我定位的需求，图形设计一方面要表现其功能，另一方面要表现与自我定位相符的设计风格。

形成设计风格的过程就是激活或形成用户特定的记忆，形成情绪共振，进而完成自我定位的过程。

6.5　小结

视觉在记忆过程中以最小的二维形式的特征被保存起来，然后在识别过程中又以最快的速度被调取，人的大脑就是以这种高效的方式完成繁杂工作的。

07

虚拟实体设计、虚拟空间设计与UI动效设计

7.1 虚拟实体设计——形状恒常性

假如未来的 UI 设计师面临的是虚拟实体的设计，比如，在 VR 设备使用场景中的三维建模，该以什么作为合适的切入点进行设计呢？

我们知道，工业设计师需要三维建模，那么工业设计有哪些诀窍可以借鉴给未来的 UI 设计呢？著名工业设计师迪特 · 拉姆斯（Dieter Rams）在接受纸媒采访时描述过他的老师霍特芬茨（Rotfunchs）对他的教育方式，拉姆斯转述了他老师的方法——忘记阴影和排线，仅用线条就可以很好地表达效果。

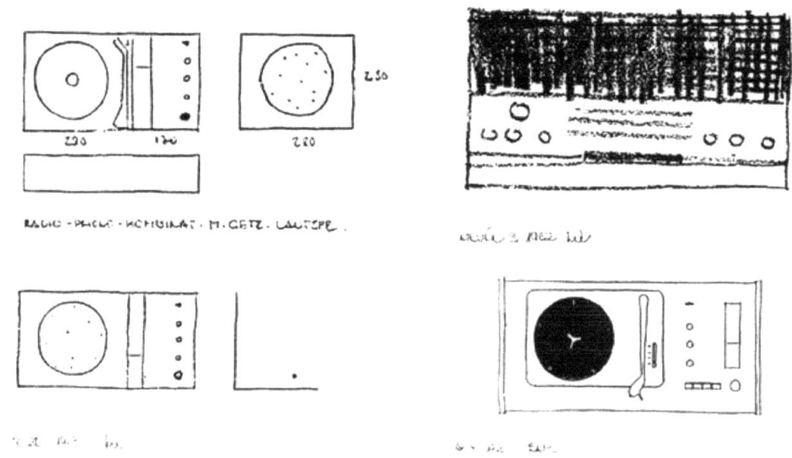

迪特 · 拉姆斯的草图

以拉姆斯为代表的传统工业设计师主要通过三视图表达设计作品，那么为什么是三视图呢？

上一章已经讲过，眼睛接收到的光信息其实是平面的，如果不是以正上方的视角去看一个圆形，那么它在视网膜上的投影就必然会是一个椭圆，如下图所示。

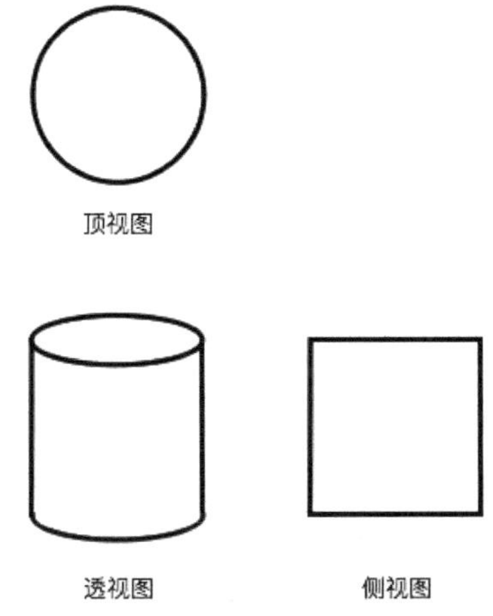

不同视图的圆柱体

尽管看到的是一个椭圆，但我们会自然地把它识别成一个圆形，这种对透视变形轮廓进行还原的能力就是知觉的形状恒常性，这种能力保证我们以任何角度都可以准确地识别出一个物体。形状恒常性就是视觉识别上的视角不变、视角依赖的参照框架的结果。

大脑存储的是三维物体二维化的极限值与常用值，如果可以倒过来从二维化的极限值与常用值进行设计，保证二维图形设计的视觉美感，那么以二维图形约束的三维物体也会具有相应的美感。

二维化的极限值就是工业设计中视线与物体垂直的正视图与侧视图，而常用值就是物体一般视角的透视图，只要这二者设计合理，就可以保证三维实体和三维虚拟实体的设计，这也是传统工业设计师偏爱三视图的奥妙。

从乔纳森参与设计的徕卡相机的五视图可以发现，每个视图都是由最基本的几何形体构成的。

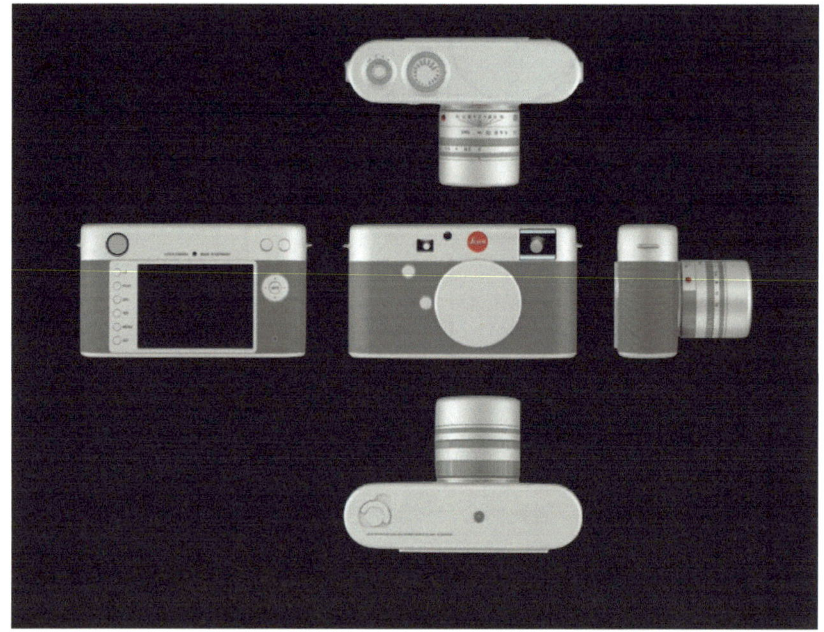

苹果公司的设计师乔纳森参与设计的徕卡相机的五视图

徕卡相机的透视图

当相机按照设计图纸被实体化制造出来之后，基本几何形体尤其是圆角的运用使相机在各个角度都保证了圆润、舒适的视觉感受。

所以，工业设计使用的三视图完全可以作为一个有效的切入点应用到新的 UI 设计之中，这也意味原来从事 icon 与 LOGO 设计的视觉设计师具有设计三维虚拟实体的能力和可能。设计的方法就是把 icon 绘制成三视方向结构合理的三视图。

7.2 虚拟空间设计—— 深度线索

三维空间的感知具有“实在”和“虚拟”两种。“实在”的距离感是指我们可以根据立体深度感知引导身体的运动，比如跳过障碍、投篮、射门，这里依靠的就是视差形成非图形深度线索。

“虚拟”的距离感就是我们没法通过这种视觉感受去直接影响运动，比如，面对二维的 UI ，并不能让我们感受出沿着垂直屏幕方向（*z* 轴）的界面与我们的真实距离，形成这种“虚拟”距离感的就是图形深度线索。

1 非图形深度线索

眼睛获得的视觉信息是“二维”的，那么“二维”信息如何有效地帮助人们辨识距离，形成“三维”的感觉？

首先，针对同一个物体，因为双眼位置不同，左右眼看见的物体其实具有一定的差异。

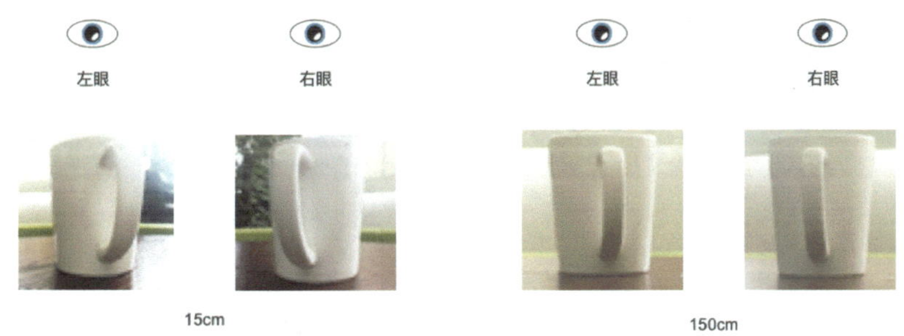

两只眼睛看到的东西是不一样的

其次，神经系统就依靠一个非常简单却很巧妙的三角函数关系感知距离：$\tan \angle A = x/y$。

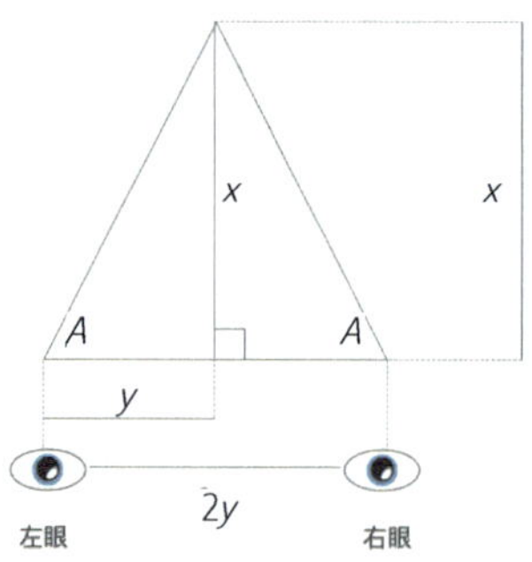

tan ∠ $A=x/y$，如果知道公式中∠ A 和 x 的值，那么 y 的值就是确定的

三角形底边的两个顶点相当于人的双眼，$2y$ 相当于两眼的瞳距，瞳距是固定的，x 的值就是人与物体的距离，那么根据公式，只要知道∠ A 的大小就可以计算出 x 的值。

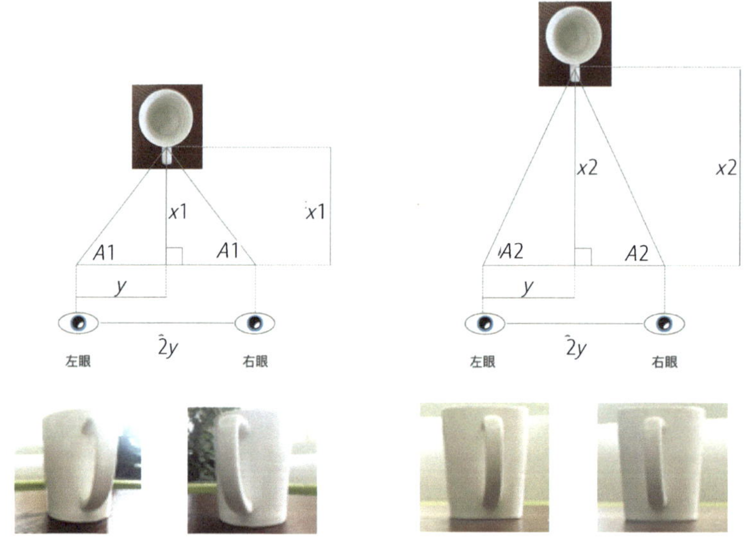

双眼差异越大，则 A 越小，距离越近

最后，∠ A 的大小与物体的远近有关系，双眼差异越大，则 A 越小，∠ A 越小，那么距离物体也就最近。视觉系统无时无刻不在自动计算与物体的距离，通过视差与距离的关系获得深度感知。

如果物体距离眼睛足够远，双眼获得的视觉信息的差异就小到可以忽略不计，那么就不能产生“实在”的深度知觉。比如，天上的星星离我们非常远，视线是平行的，双眼视差消失，使我们感觉星空变成了平面的“星河”。

没有视差则远处的星星就变成了平面的“星河”

2 图形深度线索

图形深度线索的形成更多地依赖人们长期的视觉记忆和经验，这与非图形线索依赖生物结构形成的视差有差别。形成图形深度线索有以下几种方式：遮挡、透视、参考已知物体、改变阴影和改变景深。

（1）遮挡

按照一般的透视，近处的物体比远处相同大小的物体看起来要大，当远处的物体与近处的物体在视觉上呈现的大小相同时，意味后面的物体实际上比近处的物体更大，所以使用遮挡效果的大多是彼此距离较近的，如下图所示的Safari浏览器的选项卡设计。

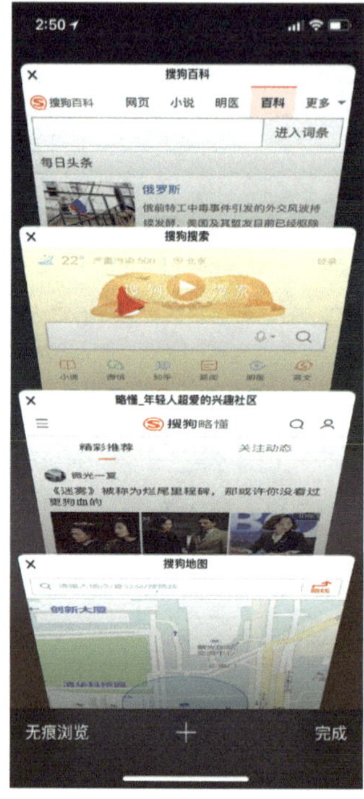

选项卡的遮挡效果

（2）透视

透视是通过物体轮廓的变形来表现空间距离的，比如绘画中的两点透视或者三点透视。

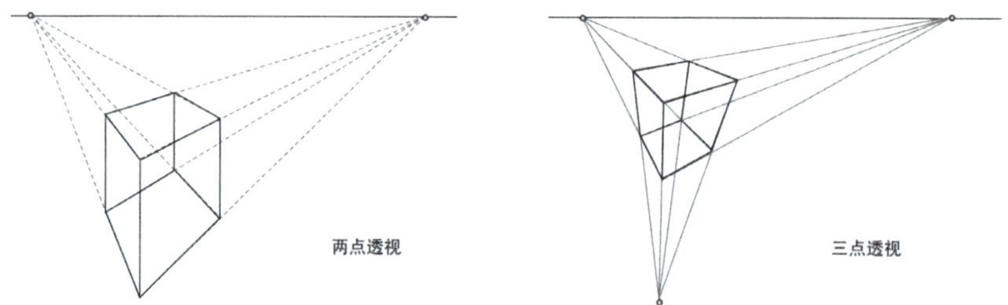

两点透视与三点透视形成的三维效果

（3）参考已知物体与大小恒常性

当欣赏一幅具有深度透视的画时，远处的人物相对于近处的人物变小了，投射到视网膜上的图像也变小了，但是人的视觉仍旧可以判断出人物都是正常的身高，这就是大小恒常性在产生作用，如修拉的《大碗岛上的星期日下午》。

《大碗岛上的星期日下午》

在修拉的这幅画中可以发现这样的事实：人物的远近造成人物形态的大小差异没有改变我们对人物身高的知觉。人物形态的大小通过我们的知觉传递出来的是另一个含义：距离的远近。参考已知物体的大小，根据大小恒常性可以获得距离的感觉。

在修拉的画中，岸边的透视线也成为了空间感知的影响因素。

再看下面的例子。

在第一张图中可以看见日常生活中的沙发、茶杯，在第二张图中可以惊奇地发现照片里的沙发其实是离镜头很近的模型。

这张有趣的图片的关键点就是隐藏了深度线索。注意两张图片中的地面，地面没有给出足够的轮廓信息和透视信息，沙发模型支撑的细节也被深色的地面所隐藏。

在这个例子中，大小恒常性是以相反的方向产生作用的。我们以为沙发很大，与人的身高相匹配，那么就会距离人很近，但是恰好相反，沙发很小，距离人很远。

这个例子说明大小恒常性是非常依赖视觉经验判断距离的方式，在缺乏其他判断距离的线索时，可能会使我们错误地判断距离。

（4）阴影

阴影的作用实际上破坏了向相反方向形成轮廓的可能，如下图所示。

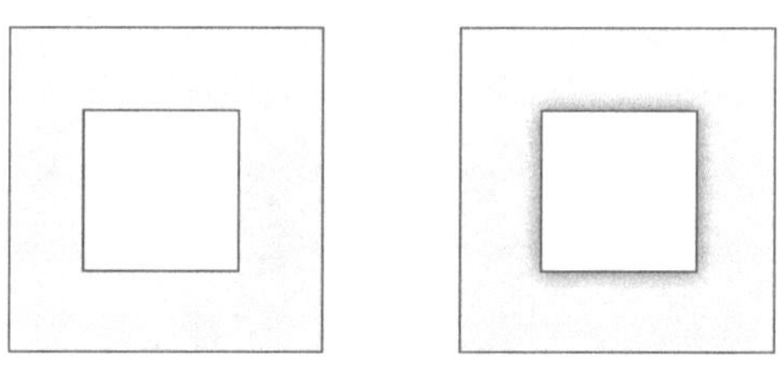

两个正方形构成类似"回"　　一上一下两个正方形

左侧可以看成是一个小正方形叠加在一个大正方形上，或者是相反的中心被挖空的大正方形，当加上阴影之后就完全无法形成后者，只能是一个小正方形叠加在一个大正方形上，右侧的阴影破坏了形成“回”的内部轮廓。谷歌设计规范中阴影的使用规范就是通过阴影表达空间距离的。

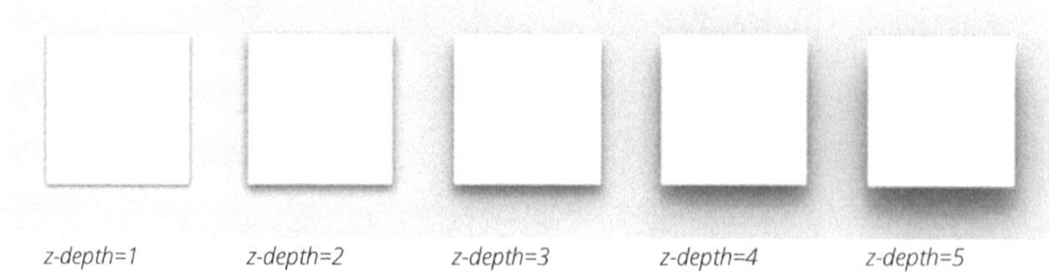

(5)景深

我们生活在一个有各种细小尘埃的世界，远处物体的轮廓因为尘埃的层层遮挡变得模糊，轮廓清晰度随之下降，这就是绘画中的“近实远虚”。带有景深的图片模拟的就是尘埃对远处物体的遮挡，这就是迫使我们的视觉聚焦于清晰的部分，并且产生深度知觉。高斯模糊带来的景深效果如下图所示。

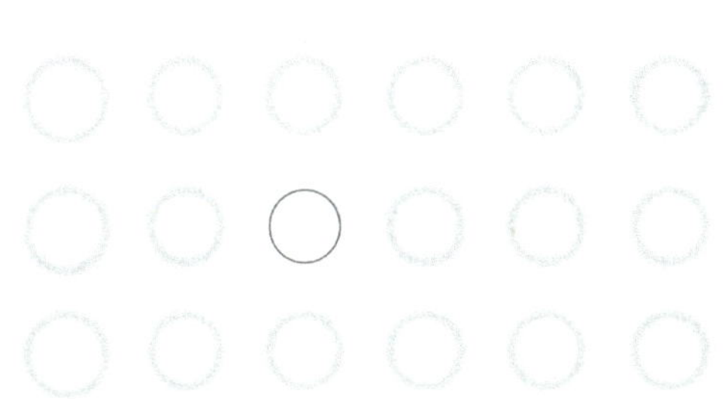

7.3 UI 动效设计

我们可以在手机和计算机的显示屏上看到运动的图像，但是了解动画原理的人都知道，这些并非真正的连续运动的物体，而是快速播放的连续序列帧图片。

现有的 UI 动效其实缺乏视差信息，因此也就没有办法通过屏幕来获得真实的可以引导我们动作的“真实”的立体深度，但是图形深度线索依旧在起作用，基本的 UI 动画仍旧可以表达深度线索带来的切换，隐喻空间转换、界面变化。

UI 动效的实质就是没有视差信息变化的视觉信息。实际上，除了图形形态变化和图形的速度变化，色彩、质地、纹理的变化也可以以动画的形式出现，并且已经开始使用。下面首先来看动画的目的，或者说实际产生的效果。

1　引导注意力

UI 动效在上丘上的投射直接影响眼睛的运动，这种注意是不经思考的反射性注意，会最大限度地吸引人的注意，这一内容会在“08　如何在 UI 中引导注意力——自下而上”一章中详细阐述。

2　表达信息与空间结构

除了吸引注意力，动效还有一个重要的功能就是表达空间结构。在上文讨论了 3 类图形深度线索，这 3 类图形深度线索可以对应到现在绝大部分的动画类型。

3　UI 动效的速度风格变化

这种动画一般随图形的运动速度发生变化，不同的速度具有不同的风格，谷歌 *Material Design* 的设计规范中明确说明了动画的使用方法。

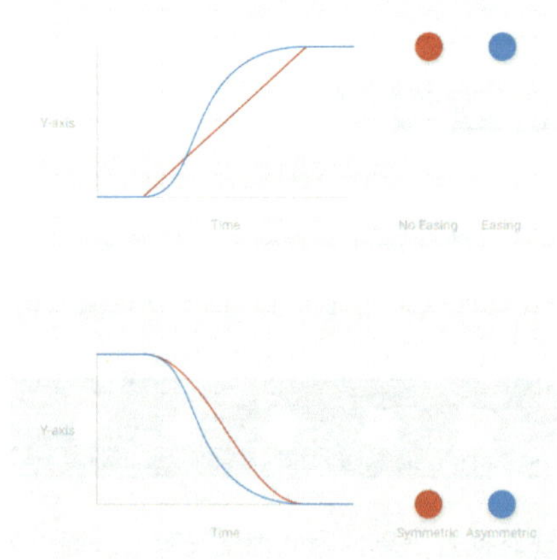

这个动画风格模拟的是真实世界中重力对物体加速和减速的影响，也就是加速

和减速的速度都不是匀速的，而是变速的。

4 UI 动效的特殊类型

色相与明度变化一样会形成动画效果，比如 iOS 的解锁动画，就是模拟光条闪过文字引导手势的动画。

运用明度动画引导横滑解锁

除了色相与明度的变化，纹理和质地的变化也可以形成动画，比如作为背景的图形慢慢出现高斯模糊或者纹理的变化，如下图所示。

呼出 iOS 系统快捷方式的高斯模糊动画

7.4 小结

根据人的视觉形成的过程和识别与记忆的特点来看，二维视觉传达设计可以合理地转化为三维的形态设计，只要保证其中结构的合理性，这样 UI 设计就可以从平面延伸到立体。

UI 动画的目的是引导注意力和表达空间层次，这是引导用户和传递信息层次的需求所导致的。设计 UI 动画的方式不仅仅局限在图形的位置变换与形态变换，UI 元素的色相与明度、纹理与质地的变换也可以作为形成动画的方式。

08

如何在UI中引导注意力——自下而上

在详细讨论注意机制与设计的关系之前，先要明确两个矛盾的条件，一是我们无时无刻不在接收海量的信息，二是大脑处理信息的能力是有限的。我们的感官能接收到的信息并不是世界中的全部信息，比如，可见光只是电磁波谱中波段很小的一段，如下图所示。

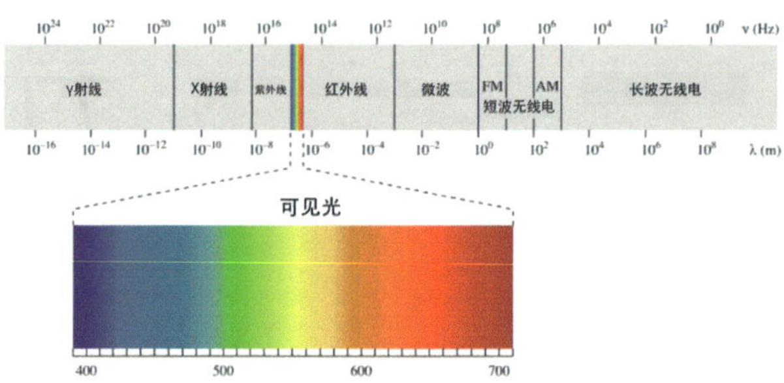

可见光在无线电波中所占的频谱范围

在“05　色彩恒常性与韦伯定律”一章的讨论中我们知道，即使针对光谱中的一部分可见光，视觉也只是对其中的暖色调部分更敏感，真正引起我们注意的视觉信息相对完整的电磁波谱少之又少。

我们接收到的信息其实在感官层面就被筛除了一部分，筛除的原因一方面是这部分信息对人的生存意义不大（比如各种射线），另一方面是因为我们对视觉信息的处理具有极限，大脑还要处理嗅觉、触觉、听觉、运动信息，以及回顾记忆、思考判断、学习记忆等复杂的工作。

下图是 Broadbent 的选择注意模型。

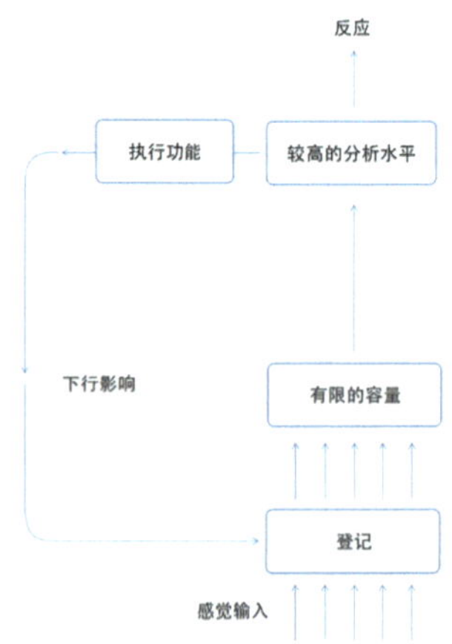

Broadbent 的选择注意模型

在这个模型中，一个门控机制决定哪些限定容量的信息会被更进一步分析。

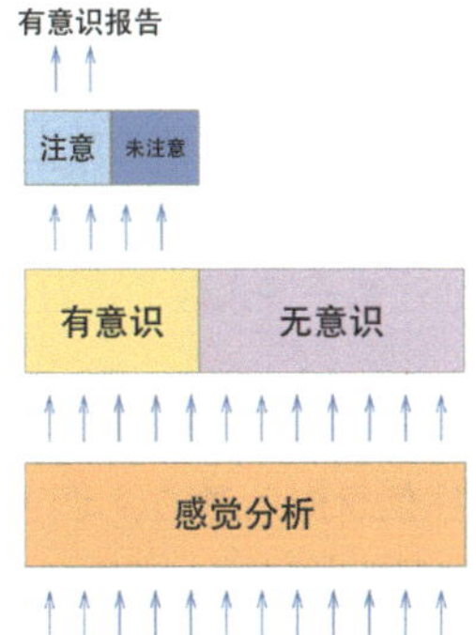

真正进入意识的信息只占感觉接收到的信息的一部分

正因为如此，大脑演化出信息处理的注意机制。如果能阐明注意机制的基本运作规律，并在设计中运用这种规律，就可以更好地突出我们想要突出的信息，弱化想要弱化的信息，给予设计所需的层次。

8.1　信息的自下而上与自上而下

UI 由区块、控件、icon、文字等元素组成，在设计中，经常会遇到的问题就是如何让某些特定的元素更引人注意，以此引导用户的操作。

首先，要明白有哪些信息需要大脑处理。我们随时都在接收并处理两方面的信息。一方面来自外界的感觉，视觉、听觉、触觉、嗅觉等信息是自下而上（自外而内）的。举个简单的例子，当儿童第一眼看见苹果的时候，并不知道它是苹果，苹果只是一个红色的近似不规则圆形的轮廓，而当儿童品尝了苹果，并且反复接触苹果之后，才形成苹果的概念，这个过程就是自下而上的过程；另一方面来自我们自己身体内部的感觉，记忆等信息是自上而下（自内而外）的，当儿童再次走到树下，把注意力放在树梢上，开始通过记忆搜索树梢上的苹果时，就是自上而下的过程。

还是以儿童与苹果为例。假设儿童走到一棵苹果树下，树上突然掉下一个苹果，突然出现的红色苹果轮廓就引起了儿童的反射性注意。反射性注意作为一种自下而上的、刺激驱动的影响，描述了这样一种现象，即一个感觉事件捕获了我们的注意。

当这个儿童第二次在这棵苹果树下，把注意力放在通过记忆寻找苹果的时候，这个过程中的注意则被称为有意注意。有意注意作为一种自上而下的、目标驱动的影响，对应着我们有意地注意一些东西的能力。

自下而上的过程是被动的过程，自上而下的过程是相对主动的过程，界定这两个过程的关键就是是否有过往信息对信息的流动过程（如自动化过程）或信息的处理过程（如通过记忆搜索目标的过程）产生影响。

当自下而上或者自上而下的信息被明确知觉的时候，或者说这些信息获得了注意，它的定义就是通过感觉、已存储的记忆和其他认知过程对大量现有信息中有限信息的积极加工；获得注意的信息就进入了我们的意识，意识是觉知感和觉知内容的总和。

本章讨论的主要是反射性注意，也就是说，在过往信息没有参与信息流动和处理过程的情况下，哪些刺激可以引起我们的注意，进而说明哪些设计形式可以最快地、本能地获得人们的注意。运动的视觉信息是反射性注意中关键的信息类型，处理运动视觉信息的机制是明晰注意机制的重要切入点，让我们一步步展开讨论。

8.2 感光细胞与神经节细胞对视觉信息的处理机制

视觉接收到的信息在进入眼睛的那一刻实际上就已经开始了自动的筛选过程，首先会从视网膜的感光细胞开始。

1　感光细胞的分布差异与类型差异

从整体上看，感光细胞的分布规律是中心密集、周边稀疏，如下图所示模拟的是人类眼睛中感光细胞的密度。

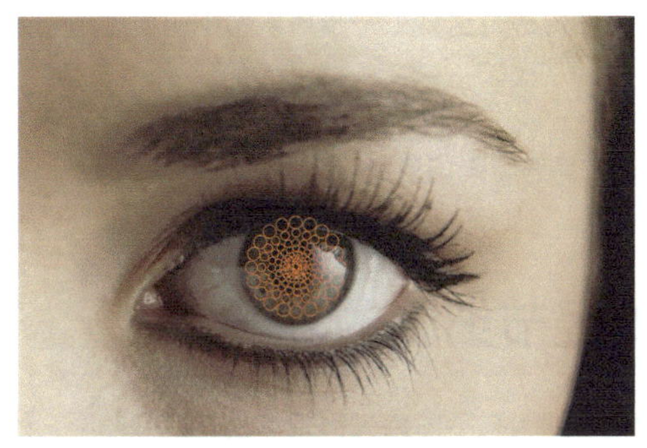

用橙色圆圈模拟感光细胞的密度，视野中心的感光细胞密度最大

感光细胞如此分布的结果是什么呢？就是实际的视觉是带有模糊效果的，如下图所示。

视觉中心的猪

摄影镜头拍摄的猪

人眼看到的世界不是“全部清晰完整”而是“局部清晰完整”

实际上，我们看到的世界是“局部清晰完整”，那么为什么我们会感觉“清晰且完整”？因为当我们把注意力移向不清晰部分的时候，眼睛也会跟随移动到不清晰的部分，这样不清晰的部分变得清晰，我们无法感受到“模糊”；另一方面，大脑会“脑补”出视觉中心之外的世界，用视觉记忆填充，所以摄像头记录的世界并不是真实的时时刻刻的视觉世界。

与感光细胞分布差异相关的还有视锥细胞与视杆细胞的数量与分布差异。人的每只眼睛中有 600 万个视锥细胞和 1.2 亿个视杆细胞，视杆细胞是视锥细胞数量的 20 倍。那么所有这些感光细胞是不是都按照 1:20 的比例在视网膜上平均分配呢？

实际上并不是这样的，数量较少的视锥细胞主要分布在视网膜的中央凹，而数量较多的视杆细胞较多分布在中央凹周边，这样进一步加剧了不同类型感光细胞比例在眼睛不同区域的差异。

显然这样的分布结构对于我们的视觉具有特殊的意义，下面继续分析。

2　感光细胞连接神经节细胞的差异

与感光细胞分布差异对应的是神经节细胞与不同感光细胞连接方式的差异，如下图所示是对两种连接方式的模拟（与实际情况有数量的差异）：

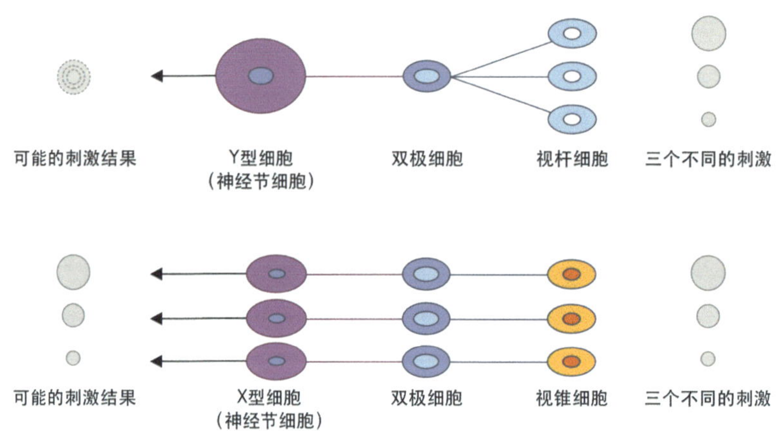

感光细胞与神经节细胞间不同的连接方式

三个视杆细胞与一个大的神经节细胞间接相连（图中三个浅蓝细胞与单个深蓝细胞相连后，再与大的紫色细胞相连），这种主要与视杆细胞相连的神经节细胞被称为 Y 型细胞（Y ganglion cell）。

一个视锥细胞与一个小的神经节细胞间接相连（图中一个黄色细胞与单个深蓝细胞相连后，再与小的紫色细胞相连），这种主要与视锥细胞相连的神经节细胞被称为 X 型细胞（X ganglion cell）。

第一种结构的结果是：只要有一个视杆细胞侦测到光线的变化，就会激活相连的双极细胞和Y型细胞，进而刺激之后与之相连的神经细胞，这样与视杆细胞相连的神经细胞就很容易被刺激激活，这种捕捉不够精确，分布广泛的视杆细胞会形成彼此一致的刺激互相干扰，但是却十分灵敏。

第二种结构的结果是：视锥细胞与神经节细胞的对应更独立，尽管连接的成本更高（一个视锥细胞占据一个神经节细胞），但由视锥细胞传递的视觉信息会非常精确，

3 感光细胞连接方式产生差异的原因

为什么人类视网膜上的感光细胞会演化出这样的分布模式和连接方式呢？下面具体分析这个问题。

第一个问题：视锥细胞与双极细胞是一对一的，而视杆细胞与双极细胞是多对一的，视锥细胞获得的感觉更精确。那么，在神经演化的过程中，为什么不全都使用视锥细胞并且一对一地连接神经节细胞呢？

如果都是视锥细胞，按照视杆细胞与视锥细胞的比例，根据视杆细胞的数量，一对一的方式需要比之前多20倍的神经节细胞！那么与之对应，原来处理这部分视觉信息的纹状皮层要放大20倍，整个视觉信息处理的脑区需要放大20倍，这对于大脑来说是不可能的。

第一个问题的结论：大脑存在信息处理的极限，无法同时获得“全面”与“清晰”的视觉信息。

第二个问题：因为人的周边视觉是视杆细胞，所以人的周边视觉是模糊的。既然神经节细胞存在极限，那么为了获得“清晰”的视觉，把视杆细胞都变成视锥细胞，以三个视杆细胞置换一个视锥细胞可不可以呢？

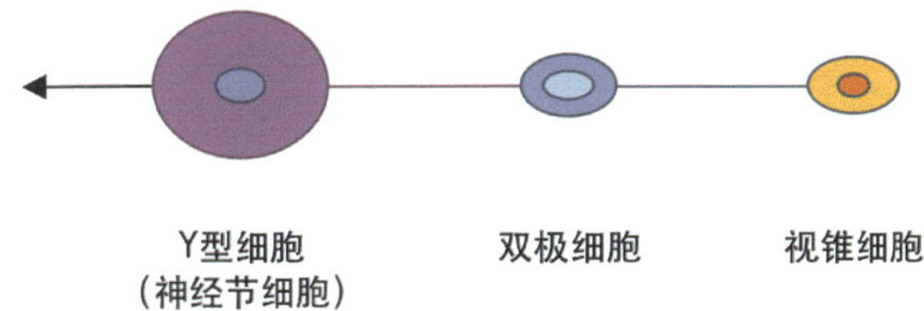

模拟多个视杆细胞置换一个视锥细胞与一个Y型细胞相连

显然这样也不可以，多个视杆细胞替换一个视锥细胞后，替换的部分确实变得

清晰了，但是周边视觉就会形成一个一个“清晰”的“孤岛”，周边视觉变得破碎，假如有危险的动物进入人的周边视野并且陷入破碎的漏洞中，那么将会极其危险。

第二个问题的结论：多个视杆细胞替换一个视锥细胞，会造成周边视觉的破碎。

第三个问题：如果把视杆细胞换成视锥细胞，仍然保证多对一的结构可不可以？

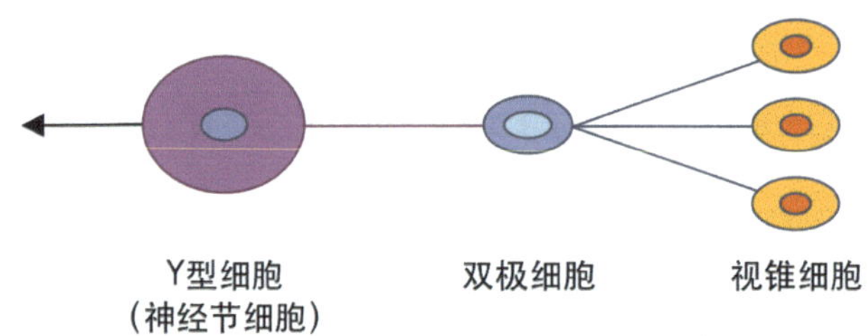

模拟多个视锥细胞与一个 Y 型细胞相连

这样仍然是不可以的，因为视杆细胞还有低感光敏感的特性，为了维持夜晚的视力，人的眼睛必须保有视杆细胞。与之对应的是，夜间活动的动物，如食肉动物都存在大量的视杆细胞，所以这种置换也不可以。

第三个问题的结论：全部使用视锥细胞会造成夜盲。

所以，最终为了平衡“全面”与“清晰”，平衡白昼与黑夜，视网膜的感光细胞形成了中心是密集的视锥细胞，以一对一的方式与神经节细胞相连，而在视觉边缘更多地依赖视杆细胞，以多对一的方式与神经节细胞相连。

前面对处理运动信息注意机制的视觉结构进行了分析，后面还要继续说明这种视觉结构是如何与上丘一同作用，形成注意机制的。

8.3 处理运动信息的注意机制

1 视野周边感光细胞稀疏的缺陷

感光细胞在中央凹的中心是足够密集的，可以让我们在注意力集中的时候，在视野的中心看到清晰的物体，但是它的问题是我们的视野周边的感觉能力非常糟糕，如下图所示。

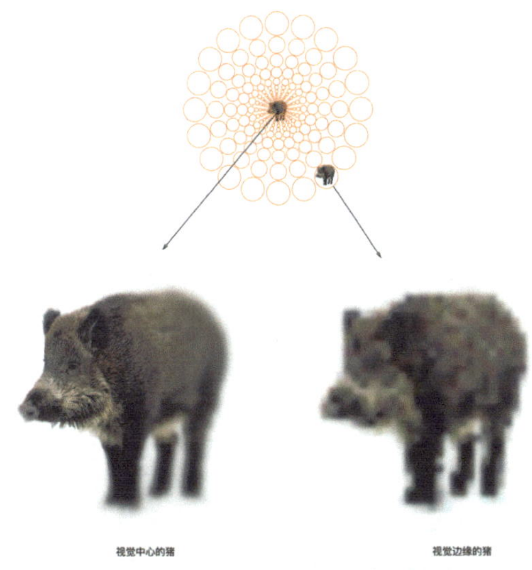

模拟视野中心与视野周边视觉信息的差异

如果在视野的周边出现了一个运动的物体，模糊的视野周边没办法清晰地告诉我们这个运动的物体是猛兽还是猎物，也没办法吸引我们注意，这将使我们面临生存的威胁或者失去一顿晚餐。幸运的是，视觉对运动物体有一种特殊的处理机制，这就是上丘投射参与的反射性注意。

2 上丘投射与反射性注意

视觉中心凹附近感光细胞密集且以视锥细胞为主，视觉周边感光细胞稀疏且以视杆细胞为主，这样的结构可以保证周边的视野信息被看到，但看到了不等于获得注意，大脑还需要一套机制保证运动的物体可以获得注意，这就涉及上丘的对眼动的影响。

视觉信息的神经信号在传递的过程中，会有一部分进入上丘投射在上丘上，如果投射的信息带有运动的特征，就会引起上丘相应的反应，进而引起眼运动，如下图所示。

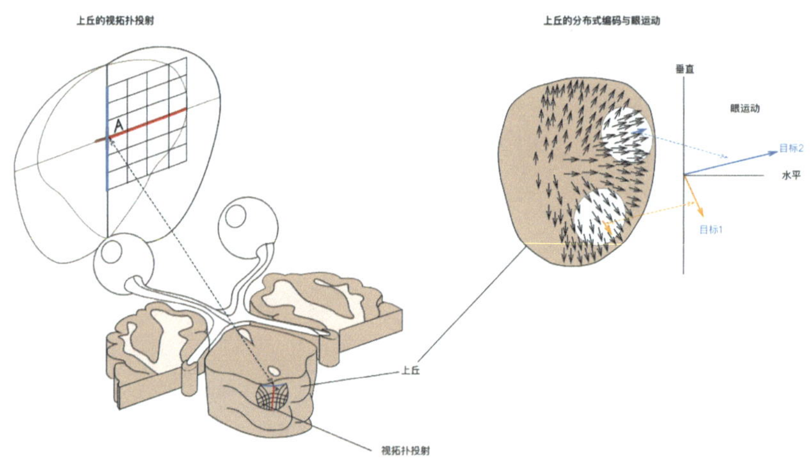

视觉信息在上丘的投射与眼睛的运动存在对应关系，当我们扫视屏幕的时候，眼睛的关注点和上丘的拓扑投射一一对应

当视野中出现了运动的物体时，眼睛就不由自主地移向运动的物体，把视野中心从其他地方移向运动物体。

在上丘的参与下，处理视野周边信息的视杆细胞用来高效地“警卫”，处理视野中心信息的视锥细胞用来仔细地“侦查”。当视野周边出现新的变化的视觉刺激时，比如远处一只奔跑的野兽，视杆细胞首先获得刺激，同时根据拓扑映射，上丘激活眼部肌肉，使眼球移动，使视觉焦点移向运动的物体，视杆细胞形成的边缘视觉退居其后，视锥细胞形成的中心视觉锁定运动的野兽，详细辨别是食物还是危险。人类先祖在野外险恶的环境中通过视野的余光发现野兽或者猎物，就是这个过程的结果。

最新研究表明，与上丘邻近的下丘是哺乳动物控制捕食行为和逃避行为的关键区域，也就是说，当上丘通过视野的余光发现运动的野兽后，邻近的下丘决定“战”还是“逃”，统一协作指挥行为。显然，大脑形成这种功能关联区域的邻近不是偶然的。

视觉中心的猪

摄影镜头拍摄的猪

3　UI 动效与反射性注意

视觉光感受器被刺激后，激活相应的注意机制，引起我们的注意。在这个过程的起始端，只要是光线变化的差异，就可以激活光感受器，所以，无论是 UI 动效中图形的轮廓发生了运动或者变化，还是虚拟界面光的强度发生了变化，都会引起上丘投射，进而引起我们的反射性注意，并引起注意力的转移。

8.4　视觉元素差异与注意的关系

在讨论图形与注意的关系时，我们要定义一个简单的概念。在一组轮廓中，引起注意的轮廓称为图形，而没有引起足够注意的轮廓我们称之为背景图形，或简称背景。

1　图形的形状差异

有这样两张图片，分别以圆形和正方形作为多数，如下图所示。

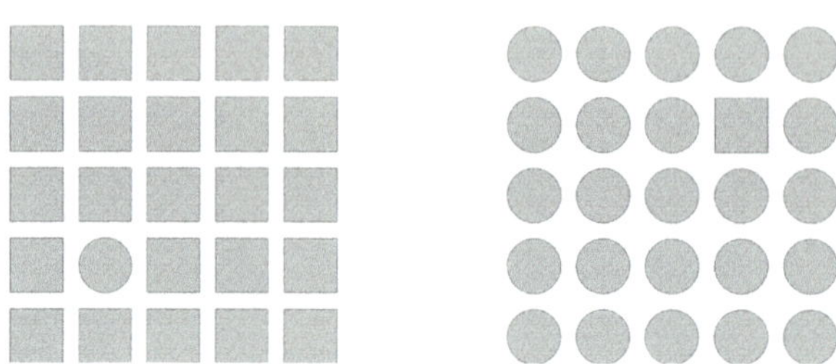

显然，我们的注意机制会自然地把我们的目光聚焦在与其他图形不一样的图形上，快速识别不同的视觉信息，而忽略相同的视觉信息。利用图形与背景差异的设计方式非常常见，如分类导航模块轮廓的差异。

这是几个电商 APP 的截图和其对应的轮廓草图，很显然，作为分类用的导航 icon 被做成了圆形或者类圆形，用来区别于以矩形为主体的广告，并且在颜色上也有侧重地加强。

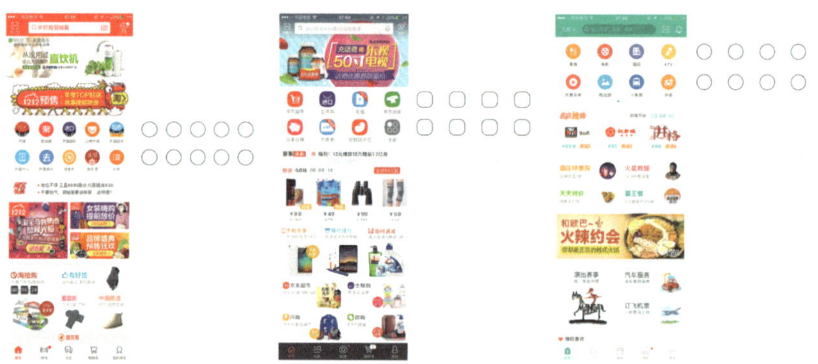

电商平台的分类入口往往选择圆形或类圆形以区别矩形的推荐广告

2 图形的大小差异

首先，看一组图片，如下图所示。

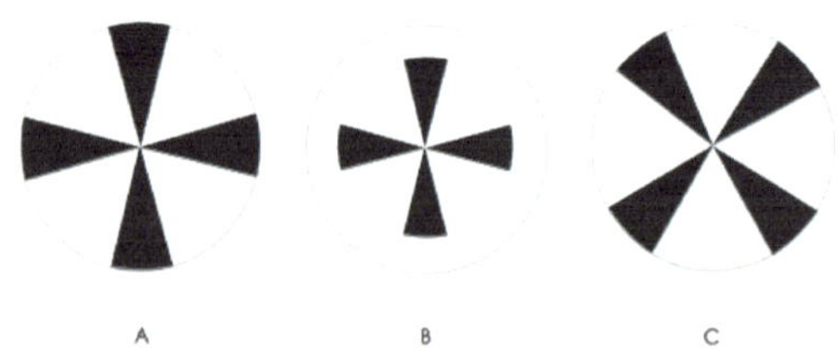

B 中的“十字”图形感觉最为强烈

在 A 和 C 中，A 与 C 的旋转角度不同，黑色十字的面积较小，而白色较多；在 B 中，黑色的十字更小。相对于 A 和 C，B 中的黑色十字更容易获得我们的注意，成为图形，因此背景自然就是白色圆圈，而角度的差异并不能区别 A 和 C。

再看下面这幅图。

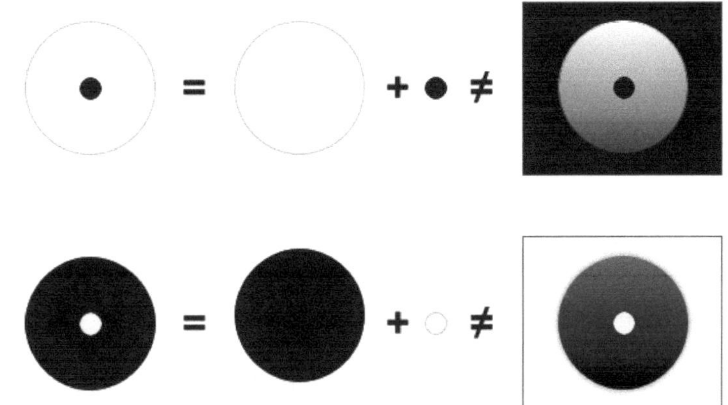

较小的单位成为图形，较大的单位成为背景

在上面的公式中，最左边的是基本图形，我们会把它看成是圆点和圆圈的组合，而不会把整个图形看作是圆圈上出现一个洞。格式塔心理学家总结道：“在其他条件不变的情况下，较小的单位成为图形，较大的单位成为背景。我们会把注意力自然地迁移到相对较小的物体上，而忽略后面的背景。”

为什么更小的物体成为图形，而不是更大的物体成为图形呢？或者是两者合二为一的图形呢？先观察下图。

无论背景的形态变成什么样子，我们注意的焦点都在图形上

对于宝贵的注意力资源来说，聚焦于一点比聚焦于全部要有效得多，所以小的物体更容易吸引人的注意力成为图形。

没有形成二合一的原因也是注意力主要集中于小的图形，在大与小的分离中，大的图形因为注意力的缺失，导致被简化了轮廓属性，所以无论大的轮廓变成什么样子，都成为了不重要的背景。

3 图形的清晰度差异

清晰的轮廓会成为图形，而模糊的轮廓会成为背景，如下图所示。

这幅图中的圆形本来是一样的，但是区别在于除了轮廓清晰的圆形，其余的圆形具有半径 8 像素的高斯模糊。因为大脑处理信息存在极限，所以眼睛只在一定范围内对焦，无论焦距过近（近视）还是过远（远视），都会使轮廓变得模糊，造成识别障碍，而轮廓清晰的物体最先被识别出来，形成知觉概念，并引导观者的注意力集中于清晰的物体上。

对背景图形进行高斯模糊处理，经常用于区分层次，比如 iOS 的文件夹界面，如下图所示。

iOS 通过高斯模糊让用户将注意力集中于需要注意的目标

4 阴影差异

阴影带来的分离效果是通过反向破坏轮廓，促使观者将注意力集中在唯一的轮廓上的，如下图所示。

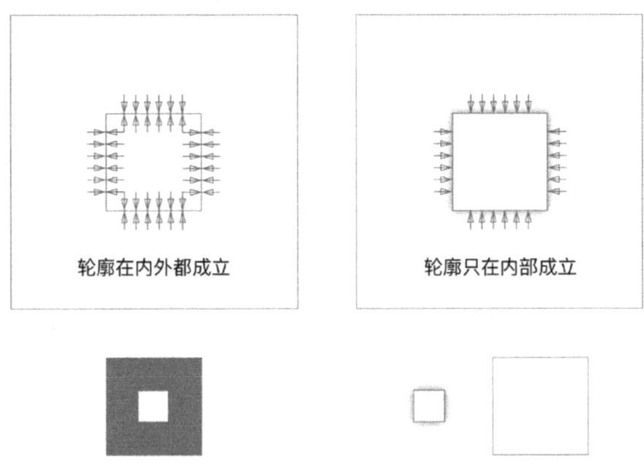

没有阴影，两个正方形形成了“回”字；有阴影，则两个正方形区分得很明显

左边的小正方形周围没有阴影，因此轮廓在内外两个方向都是成立的，而右边的小正方形因为有阴影的存在，破坏了轮廓在外部的成立条件，观者只能将注意力集中于内部轮廓形成的图形上。

阴影的灰度与扩散的距离会表达虚拟空间的深度。在 UI 设计中，模拟的光源是非点状面光源，这样，不同角度的光线形成的投影会彼此不同，阴影的范围和灰度会伴随层次深度的变化而变化。谷歌公司在 Material Design 的设计规范中详细地规定了阴影的使用规范，设定了阴影的灰度与 UI 虚拟空间深度的关系，如下图所示。

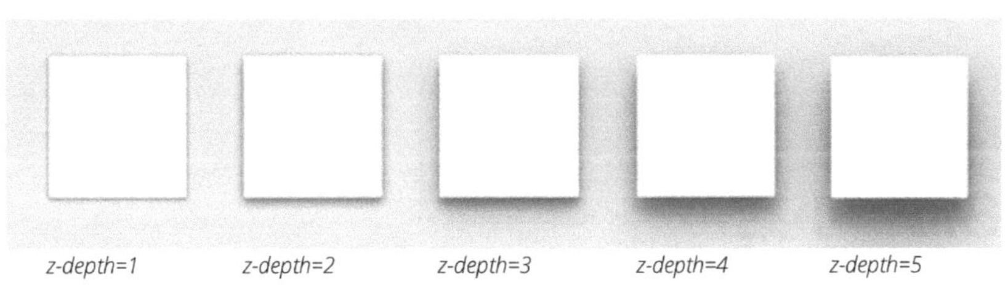

阴影与虚拟空间的深度

5　颜色有无的差异

本书在有关色彩章节已经介绍了暖色调对视觉的吸引作用，如 iOS 系统对 icon 颜色的修改就是通过色彩差异使用户获得更好的分辨效果的。

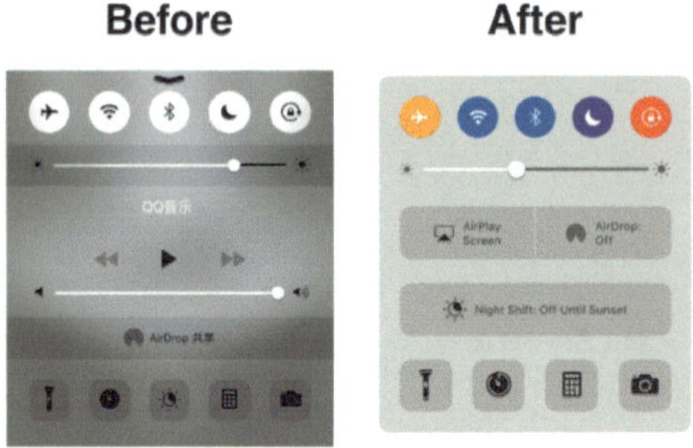

iOS 改版前后的效果对比

8.5 声音相对图像的差异

对手机来说，铃声无疑是最强烈的信号。声音可以引起人们的反射性注意，声音信息的刺激除了经过下丘，也会进入上丘，因此可以猜测声音也可以与运动的物体一样引起眼动。人在一个相对静止的视觉状态中听到一个视野范围之外的声音时，就会自然地将视觉的焦点移向声源的位置。

8.6 小结

（1）运动与声音信息先于一切

这是由上丘对眼动过程的影响决定的，运动信息与异样的声音信息必然会最先影响人的反射性注意。在 UI 设计中，熟练地使用动画可以很好地改善用户体验。

（2）静态信息取决于自上而下的注意过程

对于这一点，可以通过斯特普鲁效应来说明。斯特普鲁效应反映的是干扰因素对目标识别的影响，如下图所示，分别说出两行中每个字的颜色。

红 绿 黄 蓝

红 绿 黄 蓝

第一行的文字相比第二行的文字，人们更容易说出第一行文字的颜色

大多数学习过汉字的人都会在说出第二行文字的颜色时反应更慢，因为字的意义和字的颜色是不同的。这个问题实际上表现出了在大脑处理信息的过程中，图形形成的认知概念通道与颜色形成的认知概念通道之间的矛盾。斯特普鲁效应也说明了视觉识别的过程受到目标的影响，我们可以根据需求决定注意的过程，比如，在斯特普鲁效应中，将注意力倾注于颜色而不是文字的轮廓。

自上而下地对注意力产生影响的过程是十分深刻的，记忆以各种方式影响着我们处理信息的过程和最终进入意识的信息，我们将在“09 如何在 UI 中引导注意力——自上而下”中继续阐述。

（3）注意力转移的实质是信息处理优先顺序演化的结果

无论是视觉信息的差异，还是视觉与听觉信息的差异，在自下而上的过程中能引起人们注意的原因，在于出现了变化的、异质的信息。优先处理差异信息，同时忽略同质化信息，显然可以提高处理信息的效率，这是决定注意机制的根本因素。

09

如何在C++中引导注意力——自上而下

上一章分析了反射性注意的作用，那么，还有什么会改变我们的注意机制？或者说注意机制还有哪些内容？下面先从两个设计场景入手进行分析。

9.1 引导阅读的神秘力量

在发明印刷术之前，欧洲人使用羽毛笔在羊皮或牛皮上誊写文字，因为人们大多是右撇子。如果从右边开始书写，用羽毛笔蘸上墨水写出的文字很容易被右手弄脏，欧洲人就养成了自左向右书写的习惯。在发明印刷术之后，人们延续了以往的书写习惯，英文书籍的排版也是从左向右、从上到下。

欧洲人的书写习惯是因为怕右撇子弄脏羊皮养成的，那么，中国文言文从右边开始，遵循从上往下顺序的书写是不是也与右撇子相关呢？

先说书写的介质。中国是竹子的原产地，古人写字用的是竹简，而竹子是纵向生长的，只能纵向切片，一片接一片并列连起来成为简牍，所以要从上到下。阅读的时候，为了保护字迹，会将有字的一面向内翻卷。

再说右撇子。因为右手比左手灵活，所以会用左手拿住竹简卷成的竹筒，右手展开竹筒翻看，那么使内卷有字的方法就是从左向右卷起，这样才能左手持卷、右手展卷。所以中国人养成的书写习惯就是从右向左、从上向下。可以说，竹筒塑造了我们祖先的书写习惯。

同样是右撇子，因为书写材质的不同，形成了两种不同的行文习惯。时代更迭，我们开始使用硬笔书写汉字的时候（铅笔、钢笔、圆珠笔），也相应地确立了从左向右书写的规则。而在有些地方，如中国字画、对联依旧沿用传统的从右到左、从上到下的习惯。

古腾堡是出生在 15 世纪的德国人，是公认的欧洲印刷术（东西方各自独立发明印刷术）及现代印刷术的发明者，古腾堡法则就是由他提出的。

在书写习惯的影响下，人们的注意力会按照书写顺序的习惯引导眼睛注意到相应的区域，形成相对固定的追随模式，这个模式就是古腾堡法则（观看内容同质且平衡分布的信息时，眼睛追随的一种模式），或称为“z 字形法则”或“古腾堡图”。

在古腾堡图中，把一个页面分为 4 个部分。左上角为第一视觉落脚点，被称为“主观区”（Primary Optimal Area）；右下角是最终视觉落点区，被称为“终点区”（Terminal Area）；右上角的视觉落盲点，被称为“强沉寂区”（Strong Fallow Area）；左下角的视觉落盲点，被称为“弱沉寂区”（Weak Fallow Area）。人们的视线会沿着阅读文字的习惯从左上逐步向右下运动，右上和左下的区域如果没有特殊强调容易被忽视，如下图所示。

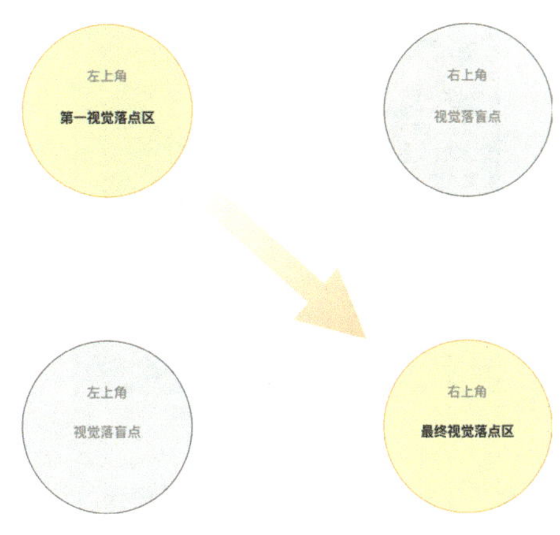

古腾堡图

我们在设计的时候要遵循古腾堡法则，因此人们会将搜索这种重要的导航功能放在左上角，如下图所示的搜狐网站的官网。

搜狐官网的 LOGO、新闻入口、搜索功能都在左上角

在 UI 设计中，Web 设计确实是遵循古腾堡法则的，那么这个法则是不是真的会产生特殊的效果呢？我们可以从绘画中人物的位置和朝向来直观地感受这一点，首先来看《西斯廷圣母像》。

《西斯廷圣母像》

圣母和耶稣的位置居左，当我们把《圣母像》水平翻转以后，效果如下图所示。

水平翻转后的《西斯廷圣母像》

翻转后的画面看上去似乎让人有些不舒服，如果大家没有感受到，那么再换一张《长颈圣母像》，这幅画是正常角度的长颈圣母像。

《长颈圣母像》

《长颈圣母像》画面中的多数人都居左，当我们翻转图像以后，这种不适的感觉会变得强烈起来。

水平翻转后的《长颈圣母像》

西方艺术如此，那么书写习惯是从右向左的中国画会重视右侧吗？

如下图所示是唐代韩干的《牧马图》。

《牧马图》

观察《牧马图》，可以发现落款在左侧，而视觉中心在偏向马头的右侧。除此之外，还有唐寅《秋风执扇图》中的竹子与石头也在右侧。

《秋风执扇图》

似乎有一股隐藏的力量左右了人们的注意力，迫使西方人把头扭向左上角，而东方人则把头扭向了右上角。

9.2 无意识设计

抛开平面，再来看一下工业设计，拉一根垂线是从我们过往的生活经验中提取出的行为模式，如果将“开关电灯”延展成“开关 CD”，就有了深泽直人的作品，如下图所示的模拟图。

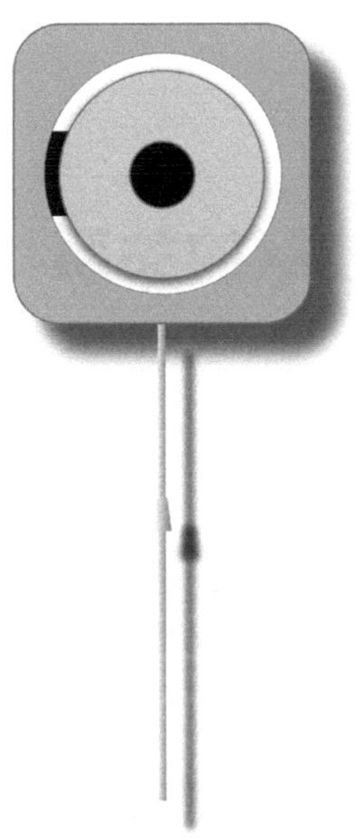

拉线隐喻 CD 的开关

将无意识的行动转换为可见之物——深泽直人这样说明他的设计理念。在一次演讲中，他讲过这样几个小例子：一棵倒着生长的树，一个女孩想都没想就坐在了上面；电车上的乘客把玻璃窗当成镜子来用；大家在等巴士的时候都坐在巴士站的栏杆上，以至于把栏杆坐弯了。

苹果的滑动解锁，同样是诠释了深泽直人这句话的经典例子，实际上它就是一个虚拟的门闩。

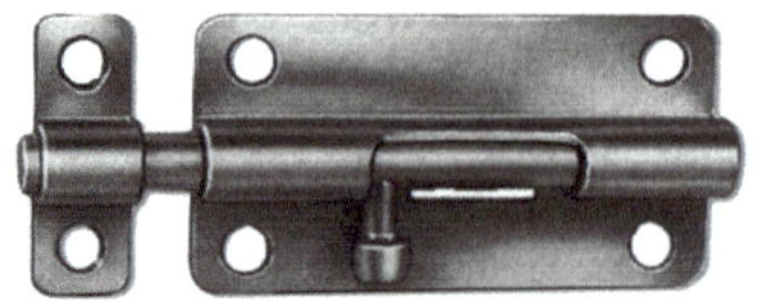

门闩

滑动解锁

所有这些都是人们“无意识”地自动进入一个状态的结果，与古腾堡法则一样，是什么神秘的力量使人们“无意识”地进入某种状态呢？

要想回答这个问题，可以先思考记忆与注意的关系，然后再来回答。

9.3 记忆与注意的关系

1 获得注意的意义

我们知道，涌入大脑的海量信息只有一小部分进入了我们的意识，被我们感觉到。比如，从树上掉下来的苹果，在购物网站搜索合适的商品，前者引起我们的注意，后者使我们促使自己更注意某些特定的目标。

“引起我们的注意”“注意某些目标”事实上是注意的两种方式。在注意到某些信息后，我们就会优先处理这部分信息，比如，在注意掉落的苹果时，我们可能会忽略耳边的风声；在搜索合适的鼠标时，我们可能会忽略购物网站推荐的键盘。

所以，注意的意义就是确保我们的大脑优先处理更为重要的信息。

2 记忆与注意有什么联系

在讨论记忆与注意的关系之前，首先了解一下记忆的整体过程。记忆并非凭空而来的，记忆的前提是学习，没有学习便没有记忆。

学习（learning）是获取新信息的过程，其结果便是记忆（memory）。

其次，注意容量内的一部分信息是调取的记忆信息，我们可以将获得的注意信息称为工作记忆。

工作记忆（working memory）是对短时记忆概念的扩展，代表一种容量有限，在短时间内保存信息（维持），并对这些信息进行心理处理（操作）的过程。

比如，儿时学过的古诗“飞流直下三千尺，疑是银河落九天”，将这两句古诗从记忆中提取出来进入思维，就代表这部分记忆信息获得了注意，而调取古诗的过程就是长时记忆（long-term memory）进入工作记忆（working memory）的过程。

第三，进入注意的并非只有长时记忆转化成的工作记忆，自下而上的外部感知信息也成为了工作记忆的一部分。这部分由感官获得的信息与长时记忆中提取的信息共同变成了整体的工作记忆。在获得注意后，两部分工作记忆协同我们做出决策和判断，并且引导我们的行为。

下面将这个过程简要地表现出来，如下图所示。

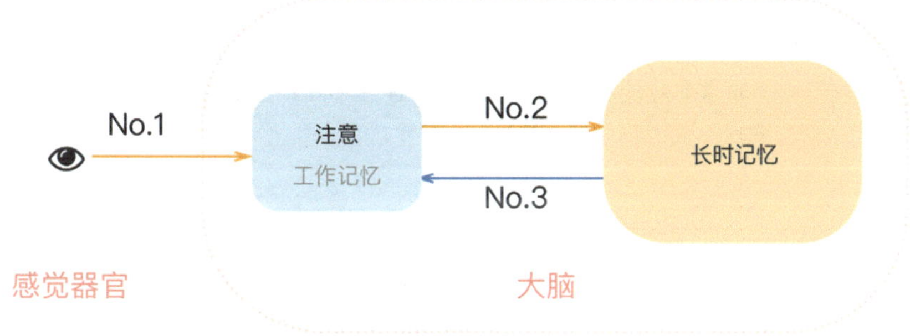

工作记忆包含自下而上与自上而下两部分信息

9.4 记忆的类型和分类

除了前面的内容，大家还要知道两种简单的分类记忆的方式。

第一种分类方式可能是我们“熟知的”，也就是按照记忆的维持时间分类。

第二种分类方式是对我们来说很“陌生的”记忆分类方式，这种方式把记忆分为了外显记忆与内隐记忆。下面先来看我们“熟知的”分类方式。

1 按照记忆的维持时间分类的记忆类型

事实上，根据停留在意识中的时间的长短，可以将记忆细分为 3 种：感觉记忆、短时记忆和长时记忆。感觉记忆是（sensory memory）是在意识中维持时间最短的记忆类型，它只能维持在毫秒和秒的水平；短时记忆（short-term memory）是指能够维持几秒到几分钟的记忆，比如拨打一个别人告诉你的电话号码；长时记忆（long-term memory）是按照天甚至年来计量的，也就是我们平常所说的记忆。

2 工作记忆的极限

最近流行一个非常有趣的小游戏：让一个人连续不断地重复说“老鼠”两个字 10 遍，然后问这个人“猫怕什么”。

这个人一定会回答“老鼠”。猫怎么可能怕老鼠？这个游戏正说明了我们的注意存在极限，也就是说，工作记忆的容量存在极限。工作记忆只有极小的信息存储量，就像计算机的内存，而反复让参与游戏的人说“老鼠”就会把这个人物整个工作记忆填满。在回答问题的时候，调取出来的也就只有被工作记忆填满的“老鼠”，所以，如果把“老鼠”换成“松鼠”或“Jerry”等任意一个词汇都可以完成这个游戏。

3 内隐记忆与外显记忆

在人们的常识中，记忆似乎只有情景和语义的概念，比如，在哪发生了什么事、有哪些人参与、在什么时间发生的，或者是一段课文、一个单词，这部分记忆被称为外显记忆，也就是我们平常对记忆的认识。

然而记忆并非只有外显记忆。例如，小时候可能很多人都会学习骑自行车，那么只看介绍如何骑自行车的书可不可以？显然这是不可能的，必须进行实际的练习，甚至要跌倒几次，才有可能学会骑自行车。更奇妙的是，这不像上学时容易忘记课文和单词，因为一旦学会了骑车，骑车的能力似乎可以更加永久地保持下去。骑车学习到的或者应该说形成的东西就是内隐记忆，也称非陈述性记忆（nondeclarative memory），是一种我们不能用语言说出来又确实存在的东西。

下面把记忆的分类简单地总结一下，如下图所示。

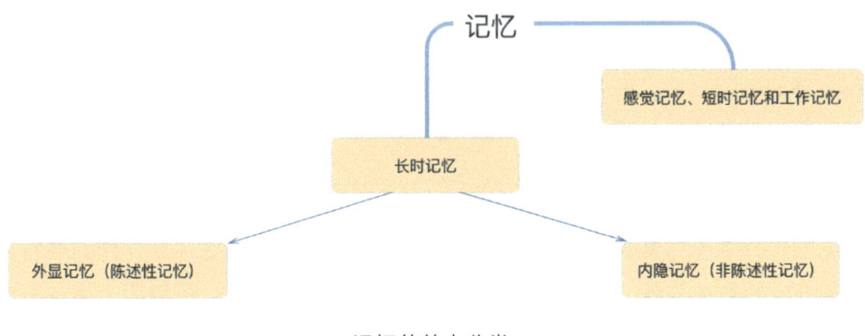

记忆的基本分类

9.5 神秘力量之内隐记忆

了解了记忆的分类，接下来思考古腾堡法则和无意识设计。事实上，证实这些设计理念的就是被我们忽视的内隐记忆。下面首先从信息的加工说起。

1 信息的加工

我们的大脑通过注意对信息进行加工，加工包括两种方式，一种是自动加工，另一种是控制加工。

特点	控制加工	自动加工
有意努力度	需要有意地努力	不需要或几乎不需要意图或努力（有时有意努力甚至用来避免自动加工）
有意识知觉度	需要完全有意识地觉知	通常不处在意识觉知之内，尽管有意识可以利用
注意资源的使用	消耗很多注意资源	消耗可以忽略不计的注意资源
加工类型	按序列进行（每次一步）	并行加工（即许多操作同时进行，或至少没有特定的顺序）
加工速度	与自动加工相比相对费时	相对较快
任务相对新颖性	新的没有做过的任务，或任务特点变化较大	熟悉且经常做的任务，任务特点很稳定
加工层次	相对比较高层次的认知加工（需要分析和综合）	相对比较低层次的认知加工（极少需要分析和综合）
任务难度	通常困难	通常简单，但相对复杂的任务在足够的练习之后也可以被自动化

在足够的练习之后，许多例行的或相对稳定的过程会变得自动化，由此高度控制加工可能变得部分或全部自动化。显而易见，高度复杂的任务的自动化所需的练习量非常大。

自动加工是在没有意识知觉的情况下完成的，很少或不需要注意，作为并行加工存在，相对比较快，比如可以一边骑自行车一边听音乐。控制加工需要有意识地控制，这些加工是按顺序进行的，且要花费相对长的时间来执行，比如按照菜谱第一次尝试做菜、第一次学习跳舞。两种加工机制的特点如下：

自动加工的过程无疑有利于节省宝贵的注意资源，使我们处理信息的速度加快，而自动加工依赖的就是内隐记忆。

2 内隐记忆形成了自动加工的基础

我们观看 1 万小时的学习视频，或者假想我们的生活就是一部长长的电影，我们对信息的处理机制时时刻刻都在发生变化，对经验的学习会改变我们处理事务的方式。当口渴的儿童被杯子里的热水烫了一次之后，他下一次就会先摸摸水杯，然后再喝水；刚开始学开车时，看见路况时就已经开始分类处理视觉信息了——处理信息的同时又在改变处理信息的机制，学习开车的同时我们的操作也变得越来越熟练。

人脑与计算机的基本构造，区别就是信息的处理和存储是一体的，或者说记忆本身既是信息也是处理系统的一部分，内隐记忆就是这种一体的处理系统，这是人脑最为神奇的地方之一。

下图是一个说明内隐记忆产生作用的实验。

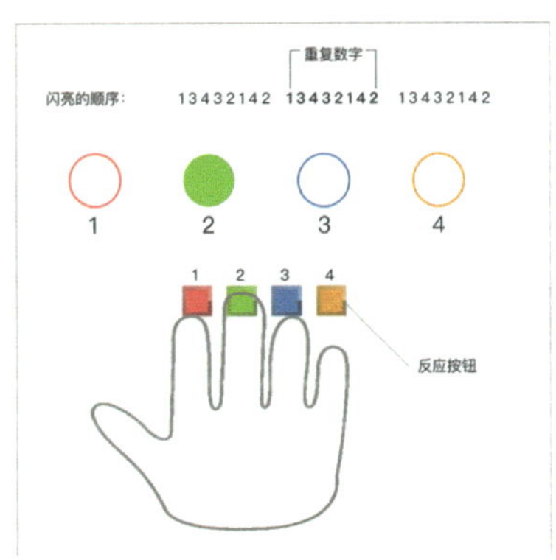

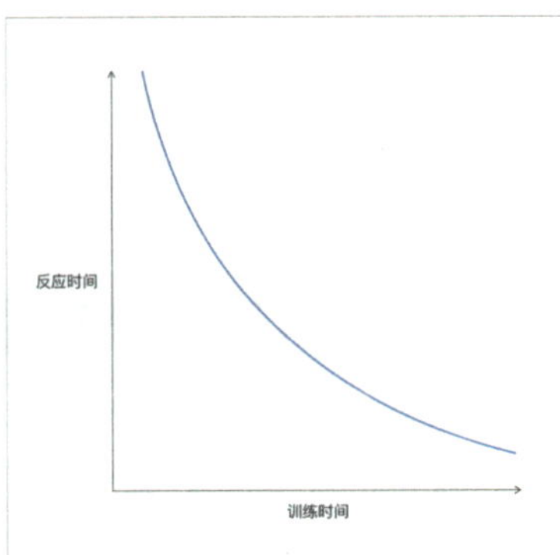

内隐记忆的实验

① 首先红、绿、蓝、橙的灯会闪烁。

② 看到灯闪烁后，实验的参与者会点击相应的按钮。

③ 闪烁并不是完全随机的，而是有一定程度的重复的，但参与者并不知道。

④ 参与者在反复响应闪烁的训练后，对重复闪烁的反应速度越来越快。

这个实验说明，在无意识的过程中，人们就会形成内隐记忆。

同样，自动化形成的基础是内隐记忆，是那些我们无法通过有意识的过程而接触的知识，如下图所示是内隐记忆的分类。

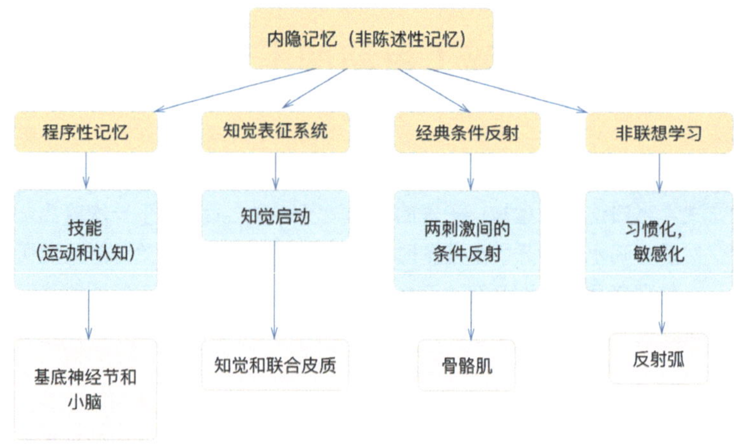

内隐记忆的分类与生理基础

内隐记忆分为 4 种。其中，程序性记忆导致的技能、直觉表征系统产生的知觉启动，就是古腾堡法则和无意识设计产生效果的源头，是我们研究的重点。

9.6　内隐记忆与设计

1　古腾堡法则——程序性记忆

程序性记忆（procedural memory）包含各种自动化技能（如学习自行车）和认知技能(如阅读)的学习。骑自行车和开车是从控制加工向自动加工转化的过程，一个步骤从高度有意识转向相对自动化的过程叫自动化，练习可以促使自动化的过程发生，就像新手练习骑车和开车。

回想一下我们是如何开始阅读的。在我们还是幼童的时候，是从单个字母或者字词开始学习的，然后沿着老师告诉我们的阅读顺序开始看书。从一年级带拼音的字数很少的课本，逐渐过渡到具有大段文字的课本。

在学习阅读初期，我们需要控制自己将注意力放在段落的左上角，而用不了多久，就形成了把注意力放在左上角的习惯，进而形成自动化。

阅读的训练实际上改变了我们接受信息的顺序，我们自然地对处在左上角的信息给予更多的注意力，这个过程就是古腾堡法则产生的开始，直到我们开始使用和设计 UI 界面，幼童时期形成的阅读习惯再次产生了作用。

再来解释绘画作品水平翻转产生的不适感。

因为古腾堡法则，我们会默认把注意力集中在左上角，而当注意力在左上角时，只有左侧的视觉信息更为丰富的时候，才能在视觉层面形成心理上的平衡感，而均匀地布置画面反倒会破坏平衡，加重右侧则会严重加剧失衡感。

这就好比有一个晚餐预告：晚餐会非常丰富，请大家准备好胃口。如果晚餐只是单调的米饭、馒头，就会让所有人失望。

那么，在设计中是否还有与之类似的过程呢？

我们可以回想点击一个常用 APP 的操作流程：输入密码—滑动屏幕—点击在固定位置的 APP，一气呵成。

iOS 系统有这样一个基本的交互规则：当删除一个应用程序之后，剩余的程序会按照顺序补位，这样在删除程序之后所有程序的位置都会发生变化。这时，如果有常用 APP 的位置发生变化，那么刚才顺畅的操作就会被干扰，操作显得非常扭捏，这就是自动化对我们操作的逆向影响。

在删除一个程序后，iOS 系统内的 icon 会重新排序，排序的结果会干扰之前形成的点击习惯

2 视觉导航与操作的自动化

Web 导航可以使用古腾堡法则，那么，移动端该如何处理呢？在详细说明这个问题之前，先以一个有趣的故事进行铺垫：美国有些火箭推进器的宽度竟然和马屁股相关，这是什么原因？

火箭必须按照可以运载火箭的轨道宽度设计，这样才能有效地运输，而轨道的宽度是由英国传入的。英国的轨道宽度沿袭了行走马车的道路宽度，是固定的 1435mm，而这个宽度又继承自罗马人制定的道路宽度。罗马人制定道路宽度的标准就是两匹马并行的宽度，如果马车的设计不符合这个宽度，就非常容易损坏。从马车过渡到火车，轨道的设计者毫不迟疑地把马车两个轮子之间的距离拿来使用。虽然没有人规定轨道必须这么宽，但是习惯却使之后的铁路也只能延续这个宽度进行设计，甚至影响之后的火箭推进器。

这个故事说明习惯的力量是巨大的，设计要尽量顺势而为，而不是与之相左。这里通过 Android 底部的实体键与选项卡栏（tabs）的导航设计的变更来思考本章主题。

iPhone 的物理按键的设计追求简单极致，只留下一个 Home 实体键，而追求开放性的 Android 则定义了 3 个实体键，尽管之后有的手机取消了实体键，但依旧保留了虚拟三键设计，分别为“返回”“Home”“最近任务”，因此底部存在 3 个不同功能的热区（可以交互的区域在本书中称为热区）。

两个操作系统在最为根本的设计语言上，好比使用不同的介质书写一样，形成了不同甚至相悖的设计，在 Android 4.0 设计规范中，明确说明“不要使用底部选项卡栏”，很显然这是为了避免底部选项卡栏（tabs）与已经存在的底部虚拟键产生交互上的干涉，同时区别于 iOS 平台。规范本身的设计初衷是好的，但实际情况却与设想相左。

开发移动平台应用团队要面对的是不同平台的用户，因此要面对不同平台用户进行不同的设计，显然会增加设计和研发成本，为了避免产生这样的成本，开发者们会倾向于使用同一种设计。

同时为了保证大量转换平台用户体验的一致性，使用相近的设计可以避免用户在转换平台时造成的陌生感和不适感，降低学习成本。降低开发成本和统一体验的结果就是开发者选择多平台相似的兼容设计，选择一个平台作为基础，以哪个平台作为基础就是开发者要思考的下一个问题。

微信产品经理张晓龙这样说道：

“微信最初的几个 Android 版本，单独做了一套符合 Android 规范的 UI 。但是这几个版本很难让我们自己觉得满意。Android 的 UI 设计规范确实有些混乱，各种 APP 也都是自己大胆地发挥。我们自认为以现有的 UI 设计人手，专门针对 Android 做一套令自己满意的 UI，而且还要跟上 iOS 版本的快速迭代节奏，很困难，所以才决定直接移植 iOS 的微信 UI。”

iPhone 是最早被大众认可的智能手机，同时，iOS 平台的半封闭性和开发生态，保证了开发者可以从 iOS 平台获得更大的利润分层。结果就是大量开发者首先开发 iOS 平台的移动应用，再发布到 Google Play 商店中，同时保持近似的设计。这样，在 Android 平台的手机上，出现了众多存在底部选项卡栏的设计形式，如下图所示的 Android 5.4 版微信。

Android 5.4 版微信

面对这样的情况，在 Android 4.0 发布 4 年之后，谷歌在其 Android L 中的设计规范 *Material Design* 中，规范了底部选项卡栏的设计（Bottom navigation），“底部导航是为了展示一个应用 3~5 个最高层级内的目标选项”。这实际上相当于放弃了早先对底部选项卡栏的限制，默认了已存在的现实（相关网址：https://www.google.com/design/spec/components/bottom-navigation.html）。

Android L

Android 底部导航的变更告诉我们，设计最终一定要符合用户的习惯，而不是平台本身，也不要执拗于自我的设计。谷歌的设计师可以从善如流地修改自己的规范，我们是不是也可以做到勇敢地否定自我？

3　可视交互的自动化

根据阅读习惯可以将导航信息按照古腾堡法则排布，而有些则并无明确原因，却形成了属于自己的独特的规范，例如，“确定”与“取消”按钮的位置，“确定”该是在左还是在右？

在 Mac OS 系统中，“好”或“应用”（相当于“确定”）按钮在右侧，而 Windows 系统的“确定”按钮则在左侧。如果依照系统平台的法则，那么通用的 Web 界面中的“确认”与“取消”按钮就处在一个两难的境地，该使用哪边？

Mac OS 系统的“取消”按钮在左侧

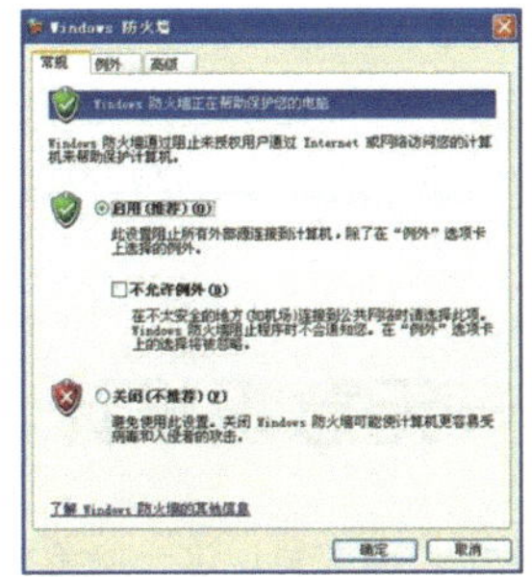

Windows 的“取消”按钮在右侧

考虑到大多数 PC 端使用的系统是 Windows，因此如果不是使用 Mac 的群体（如设计师或 iOS 开发工程师等），那么可以将“确定”按钮放置在左侧，同时区分“保存”和“取消”按钮的颜色，进一步增加二者的差别。

4 不可视交互的自动化

在 UI 设计中，需要动作触发才会展示的交互显然是不可视的交互，而不可视的交互就极其依赖自动化过程。

下拉刷新就是最典型的使用 Feed 流（如 Facebook）的交互例子，在我们下滑页面之前是看不到这个交互操作所带来的结果的，只有下拉刷新后才会看到新出现的内容。如下图所示为 Twitter 申请下拉刷新专利的图片。

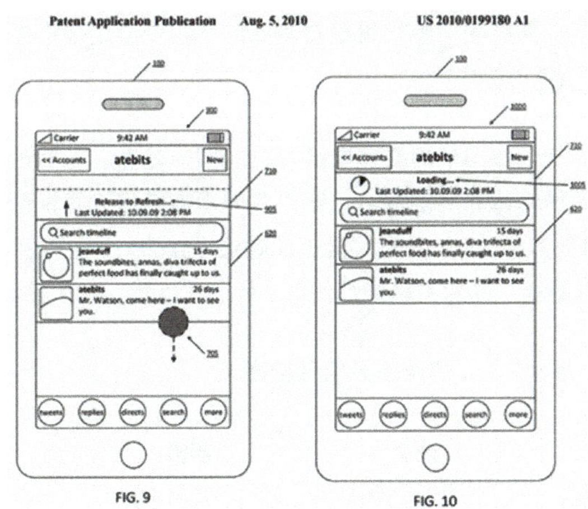

下拉刷新专利

下拉的动作还进一步地衍生出了“下拉搜索”的操作方式，与之相似的还有 iOS 的左滑展示更多，长按、双击 Home 出现最近任务等，都是最终形成自动化的不可视的交互操作，所有这些操作的基础都是程序性记忆。

5　知觉启动——无意识设计

知觉启动就是指对于之前见过，再次呈现这一刺激的识别和加工能力的提高，无意识设计就是利用知觉启动的结果。

以人们看到深泽直人 CD 机的反映为例，在拉一根垂线的动作中，垂线的视觉信息进入人的大脑后，并没有占据宝贵的注意力资源，而是直接指引我们去拉的行为。我们对无意识设计产生的反应是“熟悉又意外的”。

“熟悉”的事物的信息引起我们的行为是非常自然的。在程序性记忆中，双脚接触到自行车踏板后，双腿就会自然地左右用力使自行车运动起来；游泳的时候，控制肺的肌肉会根据人在水中的状态调整呼吸。“意外”是这个东西“默认”的行为模式，但又不完全如此，拉线应该是打开灯的过程，而不是打开 CD。

在处理垂线与 CD 机的视觉信息的过程中，这二者获得的注意并非同等的，垂线的信息加工和识别在反复的拉动过程中得到了强化，明显高于我们对 CD 的认知。一个普通人，如果没有用过 CD，也可以通过垂线的隐喻理解垂线对 CD 的开 / 关作用。

知觉启动对于视觉信息的加强效果是有不同的，知觉启动仅存在于对物体形状的加强，而对色彩没有加强。

因此无意识设计产生作用的地方其实是设计的图形轮廓，无意识设计的产品也都可以抽象为两种物体轮廓的混合，所以我们观察任何无意识设计的产品都具有“两部分”视觉信息。一部分是知觉启动效果更强的引导性信息，代表“意外”的轮廓，一部分是相对滞后的功能性信息，代表“熟悉”的轮廓。

如下表中雨伞、手机、CD 的两部分信息轮廓。

	雨伞	**手机**	**CD**
引导性信息轮廓	把手处的凹槽	棱角	垂线
功能性信息轮廓	整体的雨伞	手机天线	CD 机的圆形

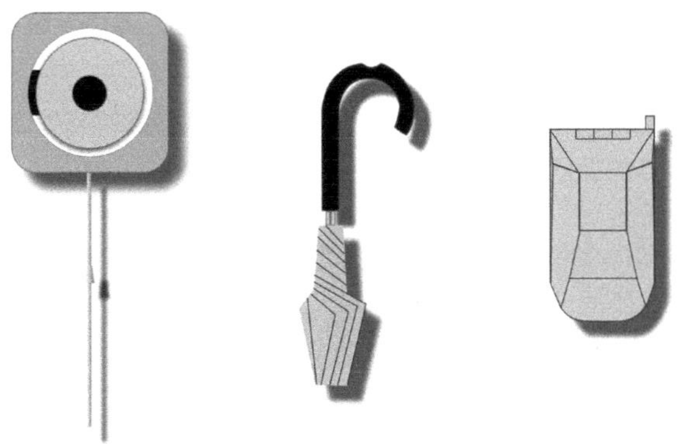

无意识设计作品的模拟图

无意识设计的精妙之处在于以一个视觉连接的整体完成了两步信息传递，引导用户操作和使用产品。

9.7　外显记忆与注意

讨论完内隐记忆对注意的影响，就该了解一下与之相对的外显记忆，它又会对注意产生什么样的影响呢？

1　斯特鲁普效应

在“04　邻近原则与赫布定律”一章中曾提到过 R.C.Jasmes 的画，如下图所示。

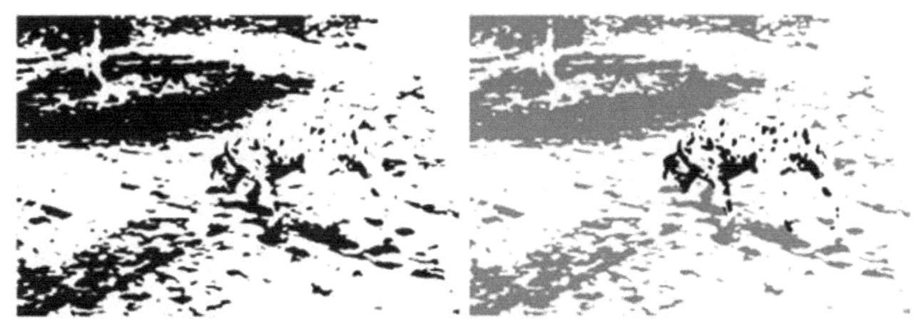

R.C.Jasmes 的素描

当被告知这个图中有一只在树旁边嗅东西的斑点狗后，视觉系统就会把这个看似由随机斑点组成的图画变成具有实在意义的图像。人们对狗的相关记忆强化了狗的轮廓，于是人们很快就可以看出狗的存在。这就说明记忆通过知觉启动效应对搜索目标的识别产生了影响。

再看斯特鲁普效应（Stroop Effect），人们需要更长的时间读出字的颜色与字本身所描述的颜色不同的字，如下图所示。

正确读出第二行字的颜色要花更长的时间

相对于第一行，人们需要更长的时间读出第二行文字的颜色。知觉启动效应对色彩是无效的，而其又会强化对轮廓的识别，因此当视觉信息中既有色彩又有轮廓意义的时候，识别文字就会快于识别颜色。

这个问题实际上表现出了大脑在自下而上地处理信息的过程中，图形携带的信息要大于颜色携带的信息，启动效应保证注意力更容易集中于复杂的图形，集中于重要的信息，这样就会提高大脑处理信息的效率。

启动效应是内隐记忆与外显记忆共同完成的，人们从视觉学习到的信息，一方面形成内隐记忆影响注意，一方面形成外显记忆存储起来。外显记忆通过强化轮廓识别的过程成为提高视觉识别效率的关键。

2 外显记忆对于目标识别信息的强化

（1）对普通图形的强化

曾经有一款流行的游戏叫《找你妹》，游戏的基本规则是在许多图片中快速识别出需要找到的物体。

这个过程就是注意力对识别过程的干预，当我们需要寻找特定目标的时候，比如在人群中找到熟人，或者在工具箱里找出螺丝刀，注意力会提取外显记忆来加强这些轮廓的启动效应。

与该原理类似，看下面两个英文单词。

TAE CAT

学过英语的人都会把这两个单词认成“THE CAT”。单词 THE 和单词 CAT 中间的字母“A”是完全一样的，但是我们的知觉系统告诉我们它们“不一样”，T_E 与 C_A 被 THE CAT 所引导，外显记忆通过内隐记忆产生作用。

（2）对于双重呈现的强化

图形之所以成为图形是因为相对于背景，图形获得了更多的注意力，而注意力的非平均分配，造成了在视觉上原本物理属性客观平等的东西，转变成心理属性主观不平等。物理世界没有什么是更重要的，但是在心理上，一块好吃的牛排和下面的盘子对我们有完全不同的意义。

双重呈现就是注意力在分配上的特殊现象，它是指一个图形可以形成两种完全不同的互斥的知觉概念，如下面 3 张图所示。

双重呈现

这 3 张图是比较典型的双重呈现的例子。第一张图，白色作为图形的时候，可以看这是一个年轻的姑娘；而黑色作为图形的时候，是吹萨克斯的乐手。第二张图，白色作为图形的时候，是杯子；黑色作为图形的时候，是两张相对的正侧面的脸庞。第三张图，可以看成是年轻姑娘的侧脸，而年轻姑娘的侧脸在另一种方式里是老妇人的鼻子。

当我们的注意力集中于一个图形的时候，那么就会把其余的轮廓信息弱化。比如在第一张图中，我们不可能同时看见姑娘和乐手，如果姑娘被当成图形，那么被当成背景的乐手就会失去其图形特征。

3　利用熟悉的外显记忆更有利于识别

当一个网站或者移动端应用程序改版的时候，新的 UI 设计往往更为整洁清晰，但往往会让老用户产生不好的体验，那么矛盾出现在哪里？以 instagram 的改版为例进行介绍。2016 年，长期使用拟物风格的 instagram 突然将应用的 icon 和界面改为扁平化风格，如果单从设计的角度思考，新的设计更为清晰流畅，但是用户产生了巨大的反应。

我们可以从识别目标与记忆的互动过程中找到答案，如下图所示。

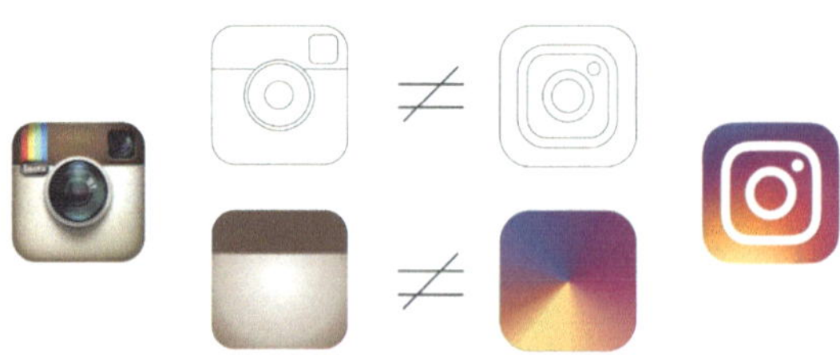

从老版 icon 中提取出的图形和纹理色彩的记忆，与从新版提取出的元素都不相符

在用户的记忆中，无论是 icon 图形，还是 icon 的纹理色彩的知觉概念，都与新版形成的知觉概念存在较大差异，因此找不到熟悉感觉的用户会显得手足无措。

instagram 改版的 icon 遭到用户的反对，因为过度新颖的改版严重干扰了搜索 icon 的过程。这好比一个人的母亲突然整容，连自己的孩子都认不出，这样即使变得漂亮，也不会让孩子感觉丝毫的亲切，反而让人觉得诡异和惶恐。

所以界面改版一蹴而就并非完全正确的方法，正确的方法是提供渐进的版本，让用户逐渐熟悉变化的过程，消除陌生感带来的心理张力。

4 头像、表情与面孔识别

在社交软件或者账号体系中，我们经常需要使用个人头像用来识别自己和他人，人们也习惯通过头像来揣测使用这一头像的人的性格特征，使用各种各样的表情来表现和理解别人此刻的情绪。

那么头像与表情在 UI 设计中有什么样的作用？下面通过面孔识别的相关研究来回答这个问题。

首先，在一个 UI 界面中，面孔更能吸引人们的注意。

有一种理论论证面孔更吸引人的注意是基于演化论的，它对人对表情的特别关注是这样解释的：人的面部表情提供了人的丰富的情绪状态，对于极度依赖社交的类人猿和人类，有效地辨识出同伴或敌人的情绪，比如开心与难过、友好或敌对，就可以更好地提供生存的便利。那么，这种理论是不是有相对可靠的实验论证基础呢？

如下图所示是 EyeQuant 公司网站上用来宣传的两张图。

Eye tracking study with 46 Users

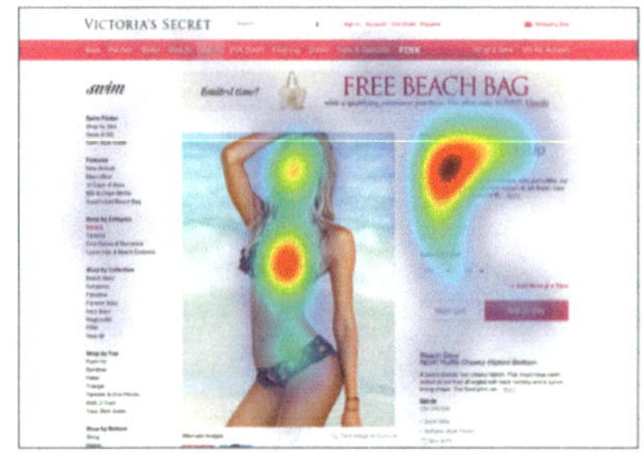

EyeQuant Prediction

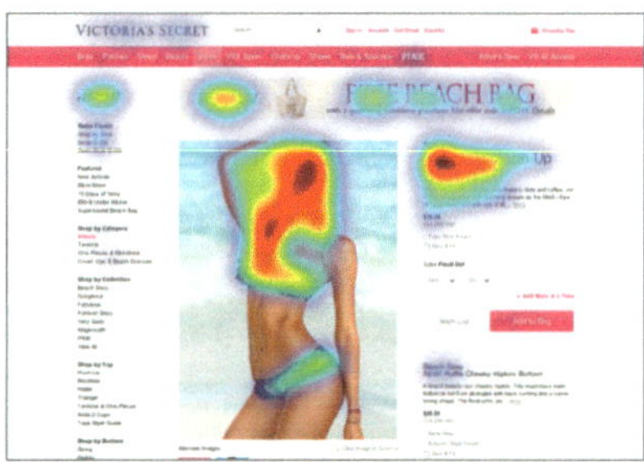

面孔会吸引人的注意

该公司提供无人眼动仪服务，通过计算模拟人的眼动规则。左图是实际的眼动结果，右图是预测的结果。我们发现，左右两张图在人的面孔部位有不小的黄斑区域，暖色调区域代表的就是人们视觉中心的停留时间，显然人们用了很多时间看人的脸部，也就是说，UI 界面中的面孔会更吸引人们的注意。

第二，现有的认知神经科学研究，证明了人存在特异化的神经结构用于面孔识别，也就是说人的大脑确实用“专门”的渠道来解决识别情绪的问题，与这部分功能相关的脑区被称为梭状回面孔区（fusiform face area,FFA）。

第三，特异化的神经结构会带来识别效率的提升，进而影响人的注意力，EyeQuant 公司的测试结果以及其他公司或研究机构都证实了面孔对人的注意力的影响。

那么，显而易见可以得出如下结论：

第一点，头像与表情会吸引人的注意力。UI 设计要思考引入头像与表情后界面对人的注意产生的吸引作用。

第二点，头像与表情所传达的情绪在具有社交元素的应用中非常重要。所以在相关应用中，要重视情绪符号如文字表情、GIF 表情、AR 表情等的设计。

5 场景设计与记忆

在“04 邻近原则与赫布定律”一章中，曾讨论过邻近原则产生的作用，实际上这也是通过记忆完成的。谷歌公司 Material Design 的指导原则对图片的使用提出了“远离图片库”(Stay away from stock) 的口号，“利用图像可以表达一种与众不同的心声，还可以展现出绝佳的创意。对于特定的实体或品牌内容，要用具体的图像。对于较抽象的内容，使其具有解释性。然而库存摄影(Photographic stock) 和剪贴画 (clipart) 既不具体，又不具解释性 ”。

在谷歌的官方网站中，还对这个口号给出了例图。好的图片是具有场景性的，比如表现亲子关系的时候，用沙滩和大海作为背景，就交代出亲子互动的故事，再加上开心的笑容，画面非常具有说服力。

具有场景的微笑是温馨的

而不好的图片则没有任何场景，尽管人物依旧在微笑，但是笑容本身是空洞的。

没有场景的微笑是空洞的

9.8 目标识别的两种类型

对长时记忆信息的提取，很难归类为注意或记忆的功能。事实上，“注意”与“记忆”只是人们抽象出的大脑“筛选与处理”和“存储”两个机制的概念，因此要理解目标识别过程就要将注意与记忆进行共同思考。

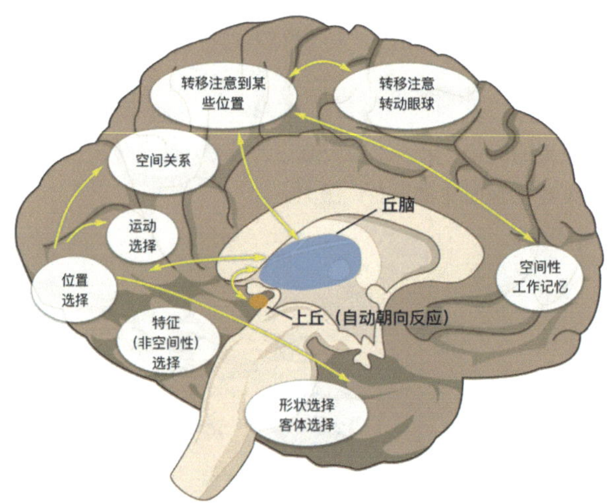

执行注意控制系统的模型

视觉目标的识别过程，可以根据是否具有明确目标分为无明确目标的识别过程，以及有明确目标的识别过程。

1 无明确目标的识别过程

无明确目标的识别过程以内隐记忆与反射性注意与对目标的影响为主，在这个过程中形成知觉目标的信息主要来自于外部环境。比如，漫无目的地浏览购物网站或者视频网站，看到一个有趣的动画推荐，或者某个醒目的标题，然后点击进入页面的过程，如下图所示。

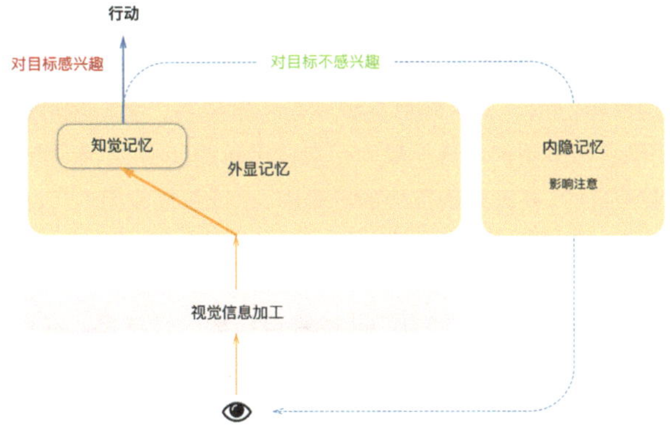

无明确目标的识别过程

2 有明确目标的识别过程

有明确目标的识别过程依赖外显记忆对目标识别的强化。在这个过程中，外显记忆中的信息会影响目标的搜索和识别，如下图所示。

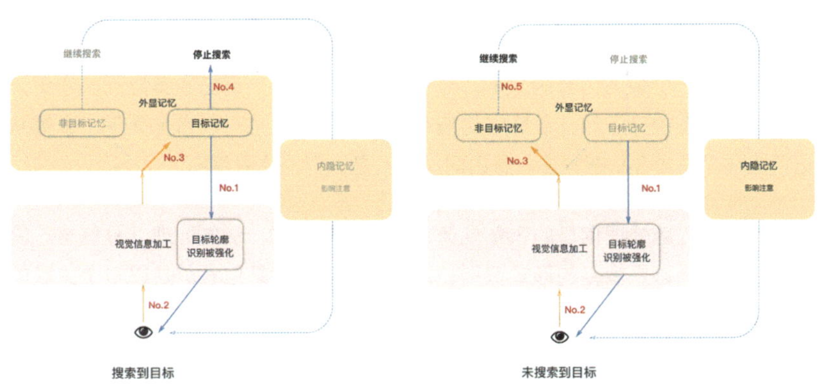

有明确目标的识别过程

在这个过程中，搜索目标的轮廓记忆会强化到识别过程中，改进视觉信息加工区的加工方式。这个过程从眼睛看见事物开始，经过简单的加工和记忆中的轮廓匹配，然后形成知觉概念。如果形成的知觉概念是目标记忆，那么就停止搜索，如果不是，那么就会通过注意力移动眼睛搜索目标，直到搜寻到目标才终止这个过程。

3 目标识别与设计

了解了无明确目标识别与有明确目标识别后，需要将二者与相应的设计场景联系起来。无明确目标适用的场景一般为初次试用新的UI系统(新程序或者网站)，或者是以浏览为目的。在无明确目标的场景中，设计要预设用户可能的使用目标，并通过设计手段引导用户，比如提示、强化的视觉提示灯。

有明确目标的识别一般出现在常用 UI 或者目标导向性任务。在这个场景下，设计的目标是将用户熟悉的视觉元素以合适的方式展现给用户，符合用户的习惯。比如，使用非专家文案，以及使用用户熟悉的图标、熟悉的操作控件等。Instagram 的 icon 问题就出现在用户具有明确的目标，然而在搜寻 APP 的 icon 后出现与记忆不符的不适感。

9.9 小结

意识相当于一个装满信息的池子，池子本身容量有限，记忆则类似于一个更大的与意识联系的信息池，记忆中的信息可以自下而上也可以自上而下，掌管从记忆通往意识或者从感觉进入意识阀门的就是人们的注意机制。

这里归纳出人脑处理信息的 3 条规律：简化、整体化、优先处理部分信息。简化就是将信息以更规整的形式识别、记忆；整体化就是信息总是以一个关联的整体被人记忆；优先处理部分信息的原因是人的脑力有限，因此会优先处理部分重要信息。这些规律对一个界面或者一个应用的整体设计会有什么样的指导作用呢?

首先，根据对 UI 设计本质的提炼，将用户分别操作的每一阶段必须看到的信息标记为最高优先级；其次，根据注意与记忆的机制，让最高优先级的信息最先获得用户注意；第三，对每个界面不同的信息进行归类整理。先将与注意相关的内容整理成表格。

吸引注意或信息处理的优先程度	界面处理方式	认知原理
最高	动效	反射性注意
高	符合用户搜索的图形设计，如 icon 设计、LOGO 设计	人脑自上而下的注意机制促使人对特定图形的识别敏感化
高	差异化视觉信息，如特殊控件 button	人脑自下而上的注意机制优先处理差异信息
高	暖色调	人对暖色识别更敏感
高	古腾堡法则排版	内隐记忆对处理信息的默认机制
中	栅格系统	简化与视觉识别与记忆的本质
低	冷色调	人对冷色调更不敏感
低	非差异化的视觉信息，如界面区块	人脑自下而上的注意机制优先处理差异信息

根据这些认知规律，就可以按照用户的习惯合理地设计界面的层次。

在 UI 设计中，“敌人”是注意力不正确的转移和涣散，可以利用反射性注意这种“重武器”，也可以通过内隐记忆的程序性记忆与知觉启动效果这样的“软武器”，而我们追求的结果就是引导注意的整个过程，完成用户的既定目标，解除心理张力。

10

创造是模因的正迁移

对于本章内容，首先需要知道创造的前提，只有限定条件才能产生有效的讨论，而不至于使讨论变成机器猫的袋子里的玩具一样，是完全异想天开的结果。

其次，创造是思维层面的活动，要理解这一思维过程的实质是什么，以及创造性思维的出现有什么规律，或者说是如何产生的。

最后，将分别讨论两种创造的过程与方法。

10.1 创造的两个前提

创造有两个基本前提。

1 创造是有目的的

为了解决各种各样的问题，才会出现创造思维和创造行为，所以创造显然是有目的的。

2 创造源于既有解决方案的困境

仅有目的性也并不一定就需要创造，如果既有方案可以达成目标，那么就是一个重复解决问题的过程，只有既有的解决方案，无法很好地达到目的，这时才需要创造。

10.2 用知识表征描述思维

创造过程是在设计师的头脑中完成的，而这个过程以某种信息形式存在于我们的头脑中，那么，如何称呼脑中所呈现的信息呢？我们必须对脑中思维进行一个概念性的描述，并通过这个概念性描述来解释创造在脑中完成的过程和原理。

1　知识表征假说

在认知心理学中，脑中呈现的信息形式被称为知识表征（knowledge representation），即对存在于人的头脑之外的事物、观念、事件等的一种被头脑所知的形式。

从图像上可以获得外部世界的信息，比如两只猫的照片。

Tom 抱着 Dimon

也可以从字词这种抽象符号上获得，比如从“猫”这个字上。

图像可以准确、高效地描绘事物：猫是什么颜色的？有多重？长毛还是短毛？但是图像无法表达更加抽象的含义。

与之相对，当从抽象符号“猫”中获得信息的时候，它可以表达任何具有该特点的动物，比如，体型较小的肉食哺乳动物、猫科、喜欢捕捉老鼠和鸟类、长相讨人喜欢等。

对于知识表征，有两种假说来解释人们脑中是如何展示这些信息的。

2 表征的双重编码理论

双重编码理论（dual-code theory）把头脑中表征信息的编码方式分为两种：表象编码和言语编码。心理表象（imagery）是一种模拟型代码（analog codes），是对当前未见或未通过感觉器官感知的事物的心理表征。

简单地说，当我们看到一棵树时，一棵树的信息会立刻呈现在我们的脑子里，对这棵树的感觉并不是表象。而当我们走开再回忆这棵树的时候，回忆中对树的认知就是表象。表象可以涉及任何感觉形式，甚至是通感，比如可以想象音乐的色彩和阳光的味道。

人们对于抽象词语的心理表征是符号型的代码，也就是通过言语编码来获得。符号代码可以任意代表某个事物，比如数字手表用任意符号来表示时间流逝。

双重编码理论的特点是认为人具有两套相对独立的表征系统，一套基于视觉，一套基于言语或语义。

3 表征的命题理论

命题理论（propositional theory）认为存储表征的形式不是表象，也不是单纯的词汇，心理表征更像一个抽象的命题，在这里，命题指的是概念之间某种特定关系背后的含义。

逻辑学家设计了“谓词运算”的方法来简洁地表达关系的含义，这种方法可以剔除在描述命题的深层含义过程中产生的各种表层差异，它的结构是这样的：【词项间关系】（【主词】，【宾词】）。

命题可以描述任何类型的关系，如一物对另一物的动作、一个事物的属性、一个物体的位置、一个事物所属的类别等。

比如，两只毛茸茸的小猫（属性），Tom 抱着 Dimon（动作）的图（参见上页图），如果用命题表示就是：【外在表面特征】（毛茸茸的【属性】，两只猫【对象】），抱【动作】（Tom【动作的施加者】，Dimon【动作的对象】）。

命题表征假设的特点是强调概念关系的编码，任何表征都需要这样的编码。

10.3 两种理论的缺陷与表征假说的实质

1 双重编码理论的缺陷

首先看一下 Joseph Jastrow 的 *rabbduck*。

Joseph Jastrow 的 *rabbduck*

这是一个著名的双重呈现的例子。如果我们把它看成兔子，那么即刻的知觉就不会把这个图看成鸭子；反过来，如果把这个图看成鸭子，就无法把它看成兔子，知觉对两个概念的认知是互斥的。这也说明，人并不是直接使用表象来表征他们所看到的内容的。

进一步分析：我们看到的信息并不是我们最终认知的概念，视觉信息是被概念化后进行存储的，概念化存储的同时意味舍弃（丢失）部分信息。如果把 *rabbduck* 看成兔子，那么鸭嘴的尖角部分就会被忽视成耳朵；反过来，如果将其看成鸭子，那么兔子嘴处的凹陷部分就会被忽视成鸭子的后脑。

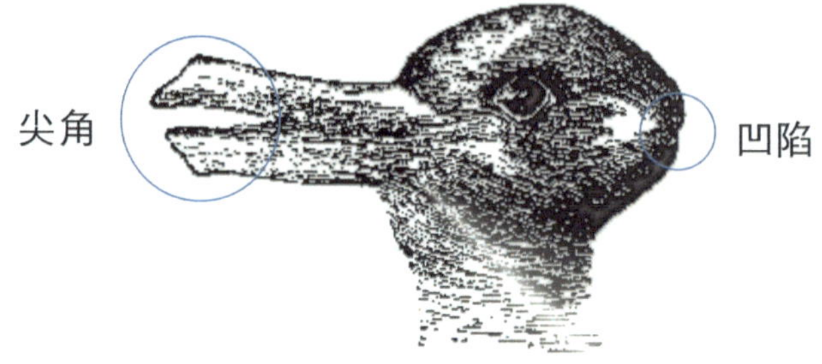

尖角作为兔子的耳朵被忽视，凹陷作为鸭子的头部被忽视

在“09　如何在 UI 中引导注意力——自上而下”一章中曾经讨论知觉启动的问题，其中，THE CAT 的案例也可以说明双重编码理论假说中的一些问题。

是识别为 H 还是 A ?

首先，如果没有环境因素的影响，识别为 H 或者 A 都会丢失部分信息成为另一种信息的可能；如果再认为丢失信息的具象信息，则会造成再认信息的扭曲，比如把中间的图形识别为 H，那么出现在 C 与 T 中间，就会成为一个错误的拼写结果，“CHT”。看下面一张图。

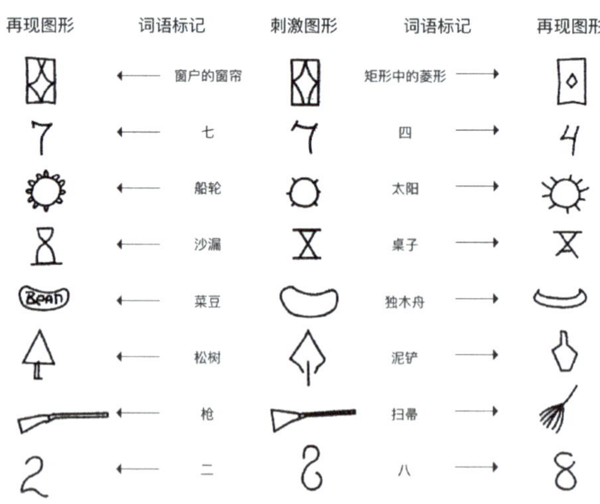

语义性标记对表象的影响

语义会使视觉表象的回忆向语义靠拢，这说明在从抽象记忆到具象的表象转换的过程中，会扭曲原有信息的表达。

上面的例子说明：在某些情况下，基于言语或语义的表征系统会干扰和影响基于视觉的表征系统。

2 命题理论的缺陷

命题理论同样不够完美，命题理论强调抽象作用的意义，但事实上心理表象的操纵并不一定需要编码过程，如下图所示。

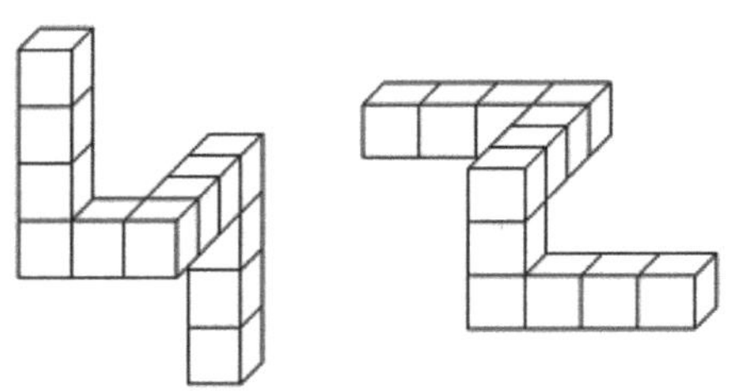

心理旋转（mental rotation）

假想一个物体的旋转过程，比如上图中的物体。这个过程显然是在表象层面的，也就是说无须经过编码，人们可以随时假想任意物体的大小、形态、运动甚至色彩的变化。

3 表征假说的实质

两种表征假说各有优点和缺点，如果对两种假说所涉及的观点进行一定程度的整合，就可以趋近地描述出人们思维过程的实质。

首先，在双重编码理论中，表象表征与语义表征可以被认为是表征系统的两个部分，部分表象表征需要通过语义表征进行抽象和存储。

其次，命题表征表示的是思维中存储的最终形态的逻辑结果，这种结果必然是抽象的、简化的。

第三，在相对具象的阶段可以对表象表征进行操作，而无须抽象过程，表征之间的整体关系可以通过下图展示。

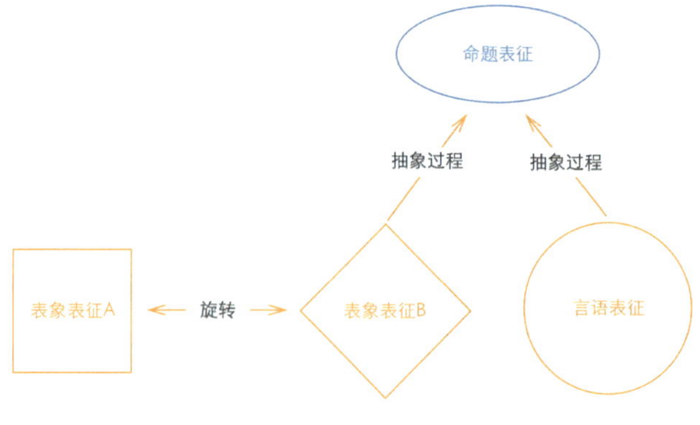

表征之间的关系

创造是一个“从无到有”的过程，这里的“无”真的是什么都没有的含义吗？假设一个刚出生的婴儿，让他去创造一个新的航天飞行器，很显然这是不可能的，即使是其他领域而非航天领域的专家也需要相关专业基础知识的铺垫，然后才有可能完成。“无”代表的是没有更好的方法，而非没有任何必备基础，所以，要先从思维的基本组成单位开始阐述。

10.4　模因假说

《物种起源》描述了这样一个事实：生物面临有限的资源和不断变化的环境，因此生物在变异的基础上不断演化，最后得以适应环境，形成现在千姿百态的世界，而控制生物形状表达的基因是进化论在分子层面验证进化论的基础。

基因需要复制以便保持自己独特序列结构的存在，而在复制过程中因为各种原因会出现变异。对于不同的变异，自然环境会筛选出更适应环境的基因，而淘汰其余基因，这样不断地复制、变异、选择，就成为进化论在基因层面最为重要的主题，往复亿万年造就了当前的世界。

进化论的“进化”并不确切，因为“进化”是褒义的，而环境的变化并没有绝对好坏之分，平均温度升高对适应炎热的动物来说是好的，而对不适炎热的动物来说则是坏的，所以动物基因层面的变化也并无好坏之分，只有适应环境才是最为重要的，所以“演化”更适合描述生物从出现到今天的漫长过程，所以也可以称进化论为演化论。

演化论很好地解释了生命形态是如何演化的，如果把文化的发展作为类似生命形态演化的过程进行思考，道金斯提出了“模因”的概念，凯特·迪斯汀延伸了道金斯的概念，完成了《自私的模因》一书。

简单地说，如果以基因与演化论作为类比的蓝本，将文化作为被类比对象，思考文化的演化机制，就出现了模因与模因论。

1 模因的概念

要想对基因与模因进行类比，要先明白基因的概念——控制生物性状的基本单位。那么，基因是不是遗传的最小单位呢？

基因是具有遗传效应的 DNA 片段，而 DNA 可以被切分为 4 个脱氧核苷酸，作为构成基因更小的组成单位。所以基因并不是遗传物质的最小单位，但却是控制生物性状的关键单位。

根据基因的作用，迪斯汀定义了模因：内容具有可确定性的、可复制的表征，如下图所示的类比图。

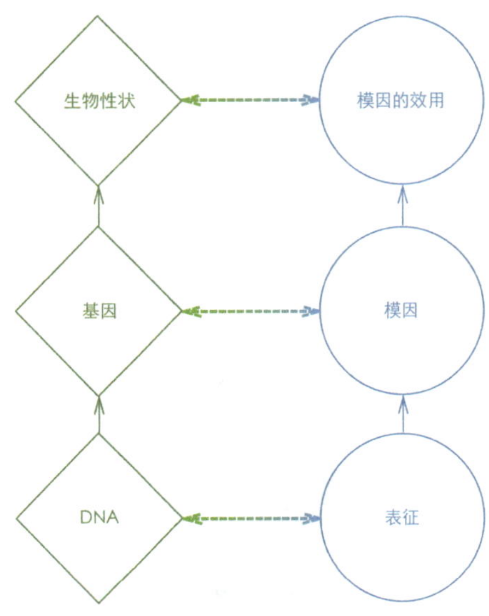

基因与模因的类比

2 模因的特性

（1）有限的资源限定

动物生存面临的是有限的物质资源，对于不同的模因，人们的注意力资源是有限的。语文与数学、艺术与科学可以被看作是 4 个不同类别的模因集合，在有限的时间内，学习语文还是学习数学，学习艺术还是学习科学，实质上就是不同模因的竞争，竞争胜利的结果就是占据人们的注意力，学习的结果就是模因的复制与在不同领域的应用。

（2）复制

基因需要不断地复制以保存指定的信息，使固定的序列结构得以延续下去，模因也是如此。复制的前提是结构的确定性，这是复制需要的隐含前提。一张设计图纸，从设计师设计出来，到批量复制给生产的过程中，要求图纸不能有丝毫的变化。例如，用来表达重力的公式 $G=mg$ 从牛顿提出到现在几百年间未曾发生根本变化，这些都在说明模因在某种程度上的稳定性，而这种稳定性的意义在于保证模因的效应，如果数学公式变来变去，那么人们便无法获得正确的结果。

基因通过性状表现其效用，比如皮肤的颜色，人的身高、体重，模因也需要产生效用，一个 idea 或者一个公式是可以被复制的，并且可以产生实际的价值。一个数学公式在学习的时候并不即刻产生直接的实践效应，但是学习公式的过程可以锻炼大脑的思维能力，这是人们在很多情况下学习数学的重要原因，因此数学公式在学习期间成为了重要的模因。我们看到一个苹果，此时苹果并不产生直接的效用，这时人脑中的苹果只是作为一个知识表征存在，而当苹果公司的 LOGO 出现的时候，这个 LOGO 在传递过程中所隐含的品牌价值开始产生效用，拥有“Apple”的人意味着拥有了一定程度的心理认可。在这个过程中，苹果的视觉表征与背后的品牌价值形成了“Apple”这个文化符号般的模因。

Apple 公司标志

从苹果的例子可以看出，品牌的设计构建过程，实际上也就是设计的品牌作为模因传递和产生效用的过程，在这个过程中，LOGO 的视觉表征与背后的品牌故事和内涵构成其传播的模因。

（3）变异

基因会在复制的过程中产生变异，模因同样会产生变异。doge 本来是一条狗，因为其特定的诙谐形象在网络上快速走红，最后变成一个娱乐化的、符号化的形象，用 google 搜索“doge”就可以发现 doge 在传播过程中形象的各种变化。

doge 原版

doge 的模因变异

（4）重组

除了变异，更为常见的方式是模因的重组。比如，把彩虹和猫重组，就变成了彩虹猫，尽管彩虹与猫之间有巨大的差异。

彩虹猫

（5）选择

设计师可以产生无数意象，而只有可以被工程实践完成的才是得以广泛传播的模因，这是臆想与创意的本质区别之一，这一点涉及的就是对模因的选择。

基因控制生物表现出不同的性状，而在不同的环境中适合环境的性状被保留下来，模因面临的是注意力环境的变化。利于工程实施的模因是一种限定方式，人群的自然特点也是一种限定方式。

一个中学生最关心的是有关考试的信息，而对一个职业人员来说，关心的则是与自己的专业相关的新闻。随着年龄的改变，每个人关注的焦点也在发生变化，不同的模因在不同的情况下得以传播。

最后，总结一下模因的特点：可以复制并产生效用，在一定环境下会被选择，可以产生变异和重组的知识表征的集合。

3　迁移——有效模因的胜出

模因在人的思想中存在，人们有着各种各样的想法，但是并非每个想法都会传递出去并产生影响，认知心理学中的“迁移”（transfer）就是各种表征组成的模因产生效用的结果。

迁移是广泛地把知识和技能从一个问题情境转移至其他问题情境的现象。迁移可以是积极的，有助于问题的解决，这种被称为正迁移；迁移也可以是消极的，阻碍问题的解决，这种被称为负迁移。

下面用两个例子解释正迁移产生的作用。第一个例子由“放射疗法问题”与“军事问题”组成，第二个是有关 iPhone 的创造过程。

第一个问题：“想象你是一位医生，正在治疗一位胃部患有恶性肿瘤的病人。因为癌症非常严重，所以你不能给病人做手术，但是你必须以某种方式消灭肿瘤，否则这位病人将会死去。你可以采用高强度 X 射线来杀死肿瘤。不幸的是，杀死肿瘤所需要的射线强度同样会杀死射线必须经过的健康组织。较低强度的射线可以不伤害健康组织，但是其能量不足以杀死肿瘤。你要提供一种治疗方式，要求既能杀死肿瘤又不会破坏肿瘤周围的健康组织。”

问题一貌似是一个棘手的问题，读者可以思考一段时间，然后再看第二个问题。

第二个问题：“有一位将军希望攻破一座城堡，城堡坐落在国家的中心位置。从城堡向外有很多辐射状道路。所有道路都埋有地雷，因此，尽管小队人马可以安全通行，但是任何大批军队都会引爆地雷。因此，投入全部兵力直接进攻是不可能的。请问：“将军该怎么办？”

针对这两个问题，实际上可以产生无数个想法、无数个模因。比如，开发一种可以口服的药物治疗肿瘤，甚至期望通过祈祷神明治疗病人等；假想将军可以通过谈判而不是军事行动解决冲突，或者使用空降部队从天而降进入战斗。

显然这些回答并没有直面问题，要么要求额外的条件，要么难以实现。现在我们来揭晓答案。对于第一个问题，解决的方法是从多个角度向肿瘤照射 X 射线，保证每个角度的射线不伤害健康组织，而所有角度集合的 X 射线又可以消灭肿瘤；第二个问题的答案类似，派遣多股部队沿多条道路进攻城堡。

简单地说，两个问题的答案都是“分组—聚合”的应用，如果用更为抽象的数学公式表达就是 $a=nb$，a 是需要而又不能直接使用的量，n 是分组的数量，b 是可以直接使用的量。

如果第一个问题有读者想到了可能解决的方案，按照统计有 41% 的人获得了第二个问题的答案，而如果在告知第一个问题的答案的时候，有 75% 的人会想到第二个问题的答案，如果没有得知第一个问题的答案，那么只有 10% 的人会得到第二个问题的答案。

很显然，第一个问题的答案在不同程度上有助于第二个问题的回答，而被告知答案的又比没有被告知答案的更高效（75% 比 41%），这说明 $a=nb$ 作为一个有效的模因被迁移了，这也就代表着它从一系列模因中胜出，它成功地淘汰了各种不切实际的模因。

10.5 表象的模因迁移

模因的定义要求模因首先必须可以复制，那么被复制的模因也必然是被表达的，被表达的模因必然是经过抽象总结的具有明确的意义，模因属于命题表征的子集，所以对于表征的两种假说，模因与表征假说的关系可以表示为下图。

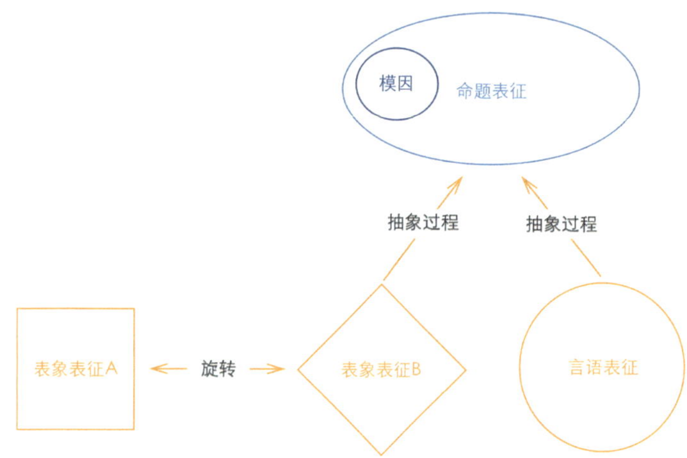

经过抽象确定化的表象表征才能进行复制和传播

首先讨论表象的迁移，这种迁移可以总结为两种方式：图形迁移与视觉概念的抽象迁移。

1 图形迁移

模因一旦可以迁移，就要保证它的意义是确定的，但这并不影响构思过程中表象表征的模糊性和混沌性，只是在最终确定并表达的一瞬间，模糊的表象表征变为确定性的模因。

在设计过程中，最为常见的 icon 和象形文字的使用就是图形迁移的结果。比如，存储 icon 是由磁盘演变的，但实际上人们有存储实物的抽屉、各式各样的箱子，然而磁盘的图形状态最终变成了 icon 作为虚拟世界存储的标志。

2 视觉概念的抽象迁移

表象的迁移不仅表现在有形的可视状态上，也表现在视觉逻辑的可视状态上。

屏幕本身是二维的，为了表达信息的层叠性，谷歌设计出了虚拟的带有层次的界面，并将其设计规范称为“Material Design”，这种设计抽象出了 UI 界面的物理属性。

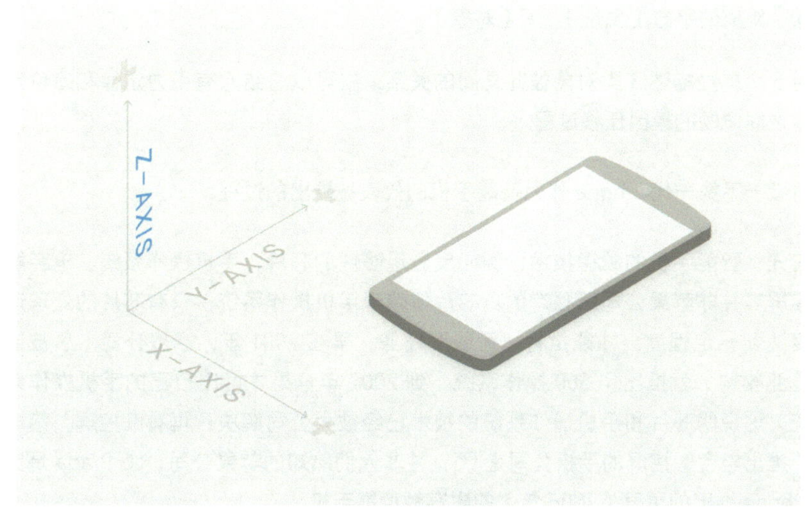

Material Design 的虚拟纵深

10.6　命题的模因迁移

看下面这个例子。

牛顿的万有引力定律：两个质点之间引力的大小与它们的质量乘积成正比，与它们之间距离的平方成反比。

库伦定律：两个电荷之间作用力的大小与它们所带电量的乘积成正比，与它们之间距离的平方成反比。

对照两条定律，会发现这就是一个复合命题的迁移过程：

① 正比【属性】，A 与 B【对象】。
② 反比【属性】，A 与 C【对象】。
③ 两属性物质作用力大小【属性】，A【对象】。
④ 两属性物质所带乘积【属性】，B【对象】。
⑤ 距离的平方【属性】，C【对象】。

用 5 个属性描述 3 类对象彼此之间的关系，就可以总结万有引力定律和库伦定律之间命题的模因迁移过程。

再看一下第一代 iPhone 作为智能手机的代表被推出的过程。

首先，智能手机的关键技术，例如反应足够快的芯片、手机操作系统、电容触控屏等并非苹果公司所独有的。芯片依赖于手机操作系统，只有芯片的处理速度达到一定程度，才能执行“智能”任务。早在 2001 年，塞班公司（后被诺基亚收购）就推出了 S60 操作系统，到 2007 年苹果才推出自己的手机操作系统，这说明芯片和手机操作系统的技术已经被大公司解决。再看触控屏，第一个推出电容触控屏的手机公司是 LG，并非人们熟知的苹果公司，LG Prada 是比 iPhone 推出的更早（2006 年）的电容触控屏手机。

根据技术演进到商业销售的过程，可以说在苹果公司推出第一代 iPhone 的时候，其他大公司（尤其是诺基亚）都具有生产出类似 iPhone 手机的能力，但最后的结果是 iPhone 被人们认知为最重要的智能手机厂商，原因是什么呢？先看一下其他公司的一般思路。

	显示	**输入**	**系统**
计算机	液晶显示屏	实体键盘	Windows 或者 Mac OS
智能手机	更小的液晶显示屏	更小的实体键盘	更小的系统（塞班系统）

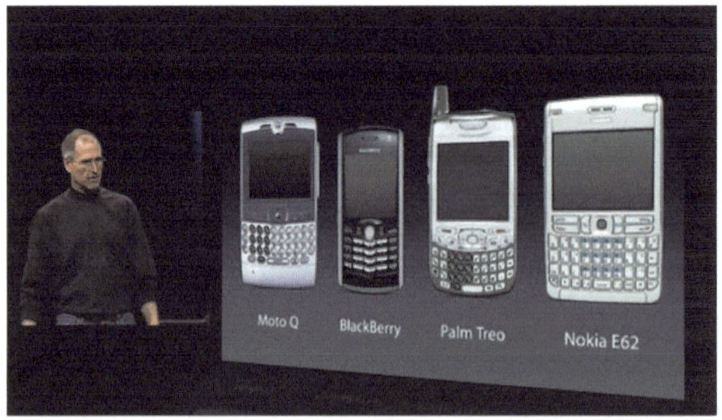

第一代 iPhone 发布会的截图，乔布斯在展示其他手机

对于塞班系统以及其手机的创新而言，智能手机的创新仅停留在表象层面，所有的设计只是缩小计算机表象的结果。

那么，如果针对智能手机的定义采用命题表征进行分析，就会变成：

① 输入【属性】，输入方式【对象】。

② 显示【属性】，显示方式【对象】。

③ 智能【属性】，智能系统【对象】。

④ 通信【属性】，手机基本功能【对象】。

⑤ 便携性【属性】，手机形态【对象】。

除了便携性，没有任何实际限制手机形态应该变成什么样子的规定。人们最终需要的是更快的速度，而不是更快的马车。对于输入方式而言，无论是实体键盘，还是虚拟键盘，只要可以完成输入就可以，并不一定要采用既有的形态。

苹果公司抓住了需求的抽象本质，通过虚拟的输入方式，以拖曳、滑动操作来丰富简单的点击操作，完成了智能手机的革命，输入信息的方式也从传统的：

【类别成员】，（输入方式【类别】，点击【成员】），

丰富为：

【类别成员】，（输入方式【类别】，点击【成员】，滑动【成员】）。

滑动输入创造出了“下拉刷新、上滑解锁、横滑删除”等通过滑动进行操作的交互方式。

10.7 小结

知识表征是一个过度宽泛的概念，从人们看到一只猫呈现在大脑里，再以艺术的方式表现出来都是知识表征的范围。模因是用来解释文化传播的概念，但是这个概念本身却可以很好地限定真正在创新过程中产生作用的知识表征。

模因论中创新的变异与重组和认知心理学中创新的迁移并不冲突，尽管引入二者的概念会把创造力的话题复杂化，但是人们可以更清晰地认识创造的本质。

创造是在设计师的脑中通过意向完成解决非常规问题的知识的迁移过程，模因用来代指那些在解决问题过程中真正产生效用的知识表征，所以创新的实质就是模因的正迁移过程。

针对图形问题，可以通过表象迁移的方式，尝试通过表象的旋转、缩放、组合等方式进行创新；针对抽象的需求，可以通过命题迁移的方式，以抽象的方式发现需求的本质，寻找解决问题的方法。

11 设计的训练

11.1 分解练习的故事

1. 素描

一般素描的练习过程是：基本的调子—石膏几何形体—静物—五官石膏—人脸切面像—人像石膏—人脸写生。这个过程就是把一个复杂的目标不断分解的过程。“调子”训练是把素描的基本功单独切割出来了，单色石膏去掉了颜色的干扰，各种石膏与静物是简化图形的训练，而人像石膏又消除了模特带来的不稳定干扰（模特需要眨眼和休息）。

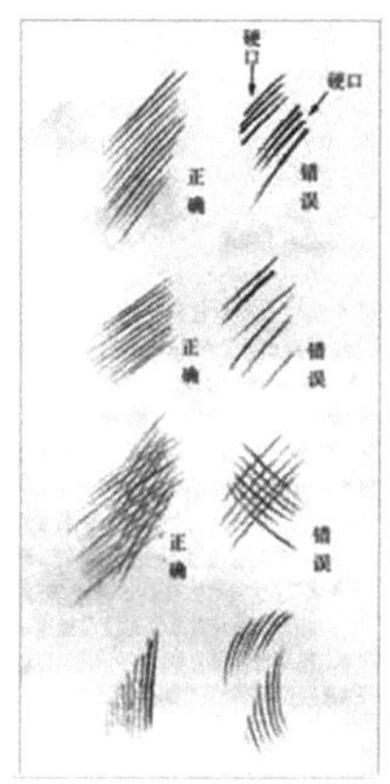

素描中的调子（由笔绘画的等间隔线），画素描画时间不长的人画出的调子往往长短不一，而长期练习绘画的人画出的调子则是均匀、整齐的

2. 背诵课文

语文课本中学生最怕出现的就是“背诵并默写全文”这样的字眼，这意味着要花很多时间背诵课文，甚至要默写出文言文中的生僻字。一旦偷懒没有完成，被老师检查发现就要受到“抄十遍课文”之类的惩罚。即使侥幸逃过老师的检查，考试的时候大段的默写也足够恼人。

作为学生都是如何完成的呢？大多是先“切”出一段，如果是古文，可能是两句，大概十余字，如果是现代文，则可能有二十几个字，反复咏读一二十遍，记下这一小段，然后再往复记下一段。当快背完所有小段之后，再尝试串联起来背诵整篇文章。

学习画素描画与背诵课文实际上都是分解练习的过程。素描是将复杂的任务简化进行训练，简化的阶段与学习者的能力相等或稍高以便学习者进步；背诵是将大量信息“切”成小段训练，每个小段的大小标准视短期记忆是否可以承载。

11.2 训练在神经层面引起的变化

人们的知识和技能在本质上就是不同的记忆，记忆的神经学本质与两个变化有关：一是神经元的突触发生改变，二是髓鞘质的厚度发生变化。这两个变化都会改变神经元之间的连接——加强或者削弱神经元之间的连接，这样就会塑造人的大脑，形成不同的记忆，也就形成了不同的知识和技能。下面看看这两种方式是如何产生作用的。

1 突触的变化

树突接受其他神经元或感受器传入的刺激，轴突传出神经元的刺激。细胞体会根据树突进入的刺激生成不同强度或数量的化学物质，加强或者抑制轴突向外传递刺激。2000 年，诺贝尔奖获得者坎德尔（Eric R. Kandel）发现，伴随长时敏感化，感觉神经元长出新的末端，与运动神经元构成了更多的活性突触连接，突触传递被增强。

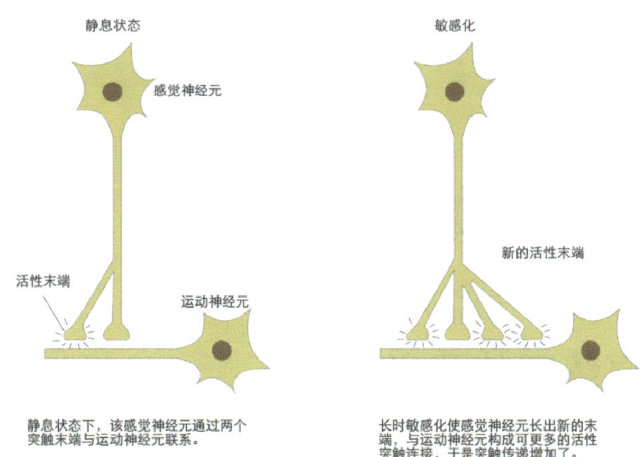

静息状态下，该感觉神经元通过两个突触末端与运动神经元联系。

长时敏感化使感觉神经元长出新的末端，与运动神经元构成可更多的活性突触连接，于是突触传递增加了。

2 髓鞘质的影响

大脑中的神经元处在液体环境中，每个神经元类似于有开关的由几段电线构成的电路（神经确实依靠点位变化传递信息），有不同的输入端（树突），有不同的输出端（轴突在末尾的分叉），所以神经元在液体中的场景，就好比把电线放在水里。大家都知道，电线必须包上绝缘的塑料以防止漏电，神经元传递“电信号”的轴突也需要类似的保护，而髓鞘质就类似于电线的绝缘外膜，它包裹在轴突外，保护“电信号”的传递不泄漏在液体中。

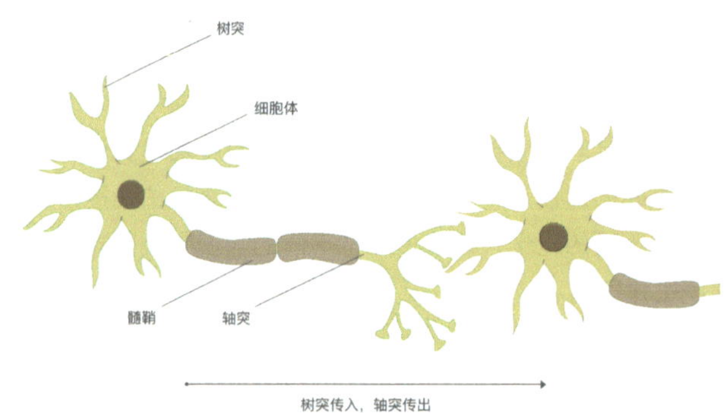

神经网络连接强度的变化，除了突触的变化，髓鞘质的厚度也会影响神经元之间信号的传递。髓鞘质越厚，则“绝缘”效果越好，神经点信号在传递过程中的损耗越小，效果越好。

畅销书《一万小时天才理论》中引用道格拉斯 · 菲尔茨（Douglas Fields）神经生物发展实验室的研究成果，说明：勤奋的练习可以使髓鞘质增厚，这样也就相当于改变了神经元之间连接的效果。

11.3 训练的意义与原因

1 反复练习的意义

“遗传和发育决定了神经元之间的连接方式——谁与谁连接，以及在何时形成连接。然而，遗传和发育因素决定不了突触联系的强度。经验对突触联系强度起到了重要的调节作用。也许遗传和发育因素只能通过先天形成的神经通道控制动物的行为潜能，而环境和学习能够改变神经通道的传递效能，从而带来新的行为模式。”（坎德尔《追寻记忆的痕迹》）

坎德尔的这段话就是在肯定后天学习的价值，那么如何形成有效的记忆，加强突触，加强髓鞘质？无论是坎德尔的理论还是菲尔茨的理论，都支持反复的练习，只有这样才能改变神经元之间的连接，形成新的知识和技能。

2　分解练习的原因

在“09　如何在 UI 中引导注意力——自上而下”一章中，已经讨论了工作记忆的容量，这就说明进入人的意识能进行控制的信息是有限的，而这部分信息就是我们反复训练能掌握的内容极限。例如，学习画人像的过程包含素描基本训练的各个部分，而没有进行过训练的人，如果一开始就直接画模特，他能掌控的信息是极为有限的，就会以最为简要的方式完成素描，这就非常类似于儿童画。

阿恩海姆在《艺术与视知觉》中描述儿童画的规律：“儿童画中的人体式样，最初只是一个圆圈，后来，又在圆圈的基础上渐渐增加了直线、椭圆及其他一些成分，而增加的每个成分，自身又都是简单的几何形状。”在“03　整齐、

简化与栅格系统”一章中，已经讨论了视觉简化的认知规律。当绘画技能不足以掌控素描需要的全部细节时，有限的短时记忆和简化就会对看到的世界进行粗糙的描绘。一个复杂的知识或技能是由很多相关部分组成的，只有每个部分都获得足够的训练，最终才能形成一个有效的整体。这就是人脸素描要从练习调子开始，从练习五官石膏开始的原因。

分解练习是让进入工作记忆的信息变得可控，然后再经过反复练习，直到达成神经层面的器质性改变。这二者缺一不可，只有这样最终才能形成人们对于一个事物的整体化知识或技能。

11.4 分解的标准与维度

分解训练的目标是通过合理的重复训练，确保完成一个复杂任务目标的每个组成部分都是优秀的，最关键的问题就是分解训练的标准与维度是什么，只有确定了这两者，才能有效地分解的目标。

1 标准与维度

维度是以一定标准作为基础的。维度反映了一个事物在属性上最本质的标准特性，与标准的区别是维度具有一个度量的范围。比如，仍把绘画进行简单分类，如下图所示。

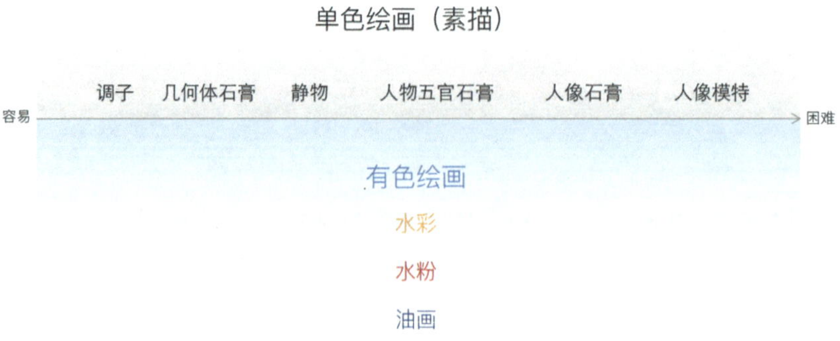

以是否为单个色彩为标准可以把绘画分为单色绘画（素描）与有色绘画，以绘画的材质作为标准可以将有色绘画分为水彩、水粉、油画，这两个分类就是两个标准产生的作用。而另一方面，根据绘画的难易程度，可以把素描分为调子、几何形体、静物等。这种分类是以单色绘画作为基础标准的分类，是根据可以度量的难易程度产生的。

2 产品经理、交互设计与视觉设计的标准差异

在用户体验相关领域的工作中，经常要区分产品经理、交互设计与视觉设计的工作职责。本书尝试对 3 种工作的本质进行描述，并且给出区分的标准。

产品经理与设计师的区别是：在有限的资源下（一定量的工程师、设计、运维、运营人员下），决定产品功能好坏的标准和维度。比如，在有限的资源下，决定设计一款社交产品还是一款电商产品。高级与低级产品经理的区别，在于他们可以调动资源的能力，但都具有一定范围内决定产品功能的权力，并担负相应的责任。

交互设计与视觉设计的差异是：设计工作中是否以设计多次的“人—机”信息互动为主要工作内容。视觉设计师中有一类设计师被称为运营设计师，主要负责产品的宣传推广，这其中的视觉信息传递往往是单次的，用户与虚拟的运营信息之间的交互是有限的。

将这 3 种工作依据其标准进行分类，如下图所示。

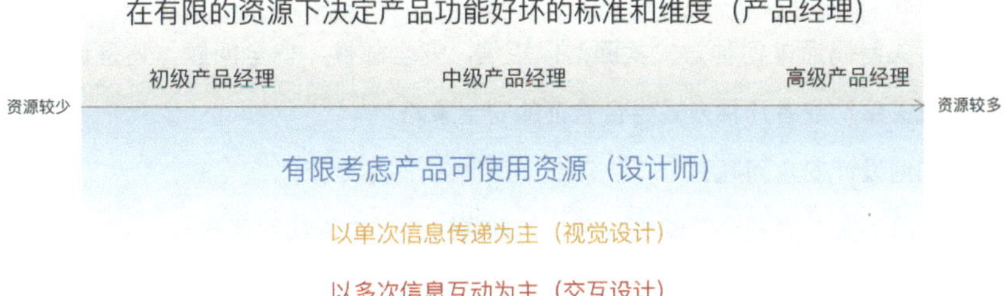

11.5 UI 设计的分解练习

产品功能一是具有通用属性，二是具有专属属性。以一般的移动端应用为例，大致可以分为生产力工具（社交、邮件、电子商务、移动网上银行等）、实用工具（天气预报、指南针、录音、记事本、iOS 计算器等）、沉浸式应用（音乐、游戏等）3 类。除了实用工具，其他两类应用都涉及账号与安全设计、导航设计，可以将这两项当作通用属性作为主题展开训练。

我们先以账号与安全的相关设计举例，这一流程可能面临的任务分解为注意尽量可控的小块内容。

1 账号注册

① 以邮箱还是以电话号码作为注册账号？或者二者皆可？

② 需不需要注册账号外的应用内称呼？

③ 如果用电话注册，需不需要短信验证？

④ 如果用邮箱注册，需不需要邮箱注册成功的回执？

⑤ 是否通过第三方验证注册？

⑥ 注册后是否需要设置密码？

2 密码与安全策略

① 如果使用电话注册，需不需要密码？还是每次都用短信验证码登录？

② 密码强度如何？任意密码强度，还是字母与数字的大小写组合？

③ 丢失密码通过何种方式找回？以短信、安全邮件、安全问题，还是通过社交关系？或者几种方式组合验证的安全策略？

④ 如何设计安全问题？

⑤ 账号丢失，当安全策略失效后，如何通过人工申诉找回账号？

当分解这些任务之后，就可以针对每一种情况进行设计的演练。针对不同的产品需求，每个问题的答案都可能是不同的。设计师需要练习每种可能所需要应对的方案，这样当产品的需求确定之后，就可以快速地将恰当的方案付诸实践。

再看导航的设计分类：基础的底部 tab 导航、侧边栏导航、宫格导航、混合导航。

应用分类的标准是功能，账号与安全分解的标准是任务流程，而导航的分类标准是界面形态，越小的需求越具象化。比如，一旦确定账号与安全分解的问题，就需要向下设计基本的注册界面。注册界面就可以存在不同的界面形态，比如，注册界面的背景是图片还是视频？输入框是阴影，还是矩形？或者简单的下画线？

11.6 小结

设计的训练目标需要据人们的认知特点（工作记忆的容量有限）进行分解和反复练习。训练目标的分解标准依赖于任务反应的本质属性，如果可以同时度量则该属性就具有了维度。在对训练目标进行有效的分解后，反复进行练习就可以逐步提高设计师的设计能力。

12

从拟物到扁平——信息认知的平衡定律

有人说，扁平化设计是潮流，而潮流则代表着出现反复的可能，那么扁平化设计会不会像流行色和服饰一样，从拟物到扁平，再从扁平回到拟物？也有一些人会把现有的系统界面放在一起，认为“别人都在这么做，这就是扁平化流行的原因”。引用格式塔心理学家考夫卡的话“描述不是解释”，我们需要更深入的思考。

12.1　信息技术发展与 UI 界面的演变

1　变小的 CPU 给 UI 设计带来的可能性

计算机和各种智能设备的计算核心硬件就是 CPU（中央处理器），而中央处理器是由千千万万个晶体管构成的，所以晶体管越小，处理器就可以做得越小。根据著名的摩尔定律推算，集成电路上可容纳的元器件数目，每经过一个周期，芯片上集成的元件数提高 2 倍，这个周期一般为 18 个月。实现摩尔定律的方法就是制造晶体管的技术可以把晶体管做得越来越小。

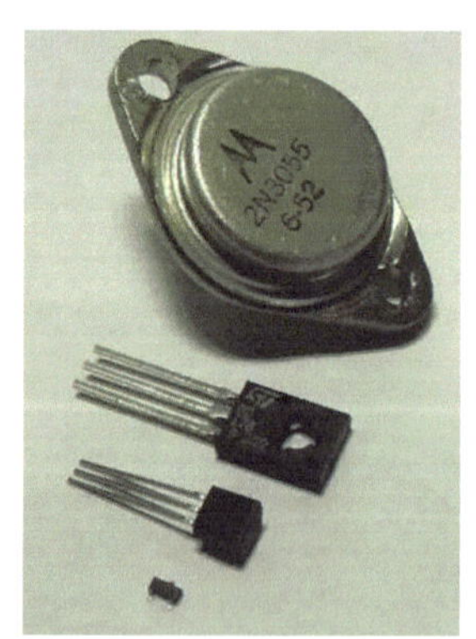

逐渐变小的晶体管

如果从真实的三维世界来看，把摩尔定律中的晶体管模拟成积木，尺寸下降一半的同时，积木体积只有原来的 1/8（1/2 的三次方），或者说原来 8 块积木堆在一起能做的事，过了 18 个月，1 块积木就可以完成。CPU 的计算能力变得越来越强，而变强的 CPU 对于 UI 设计有具有什么意义呢？

下面做一个假设：记录一个沿轴线方向运动 1 个单位的物体位置。

① 如果在一条线上，只有两个可能（-1）和（1）。

② 如果在平面上，有 4 个可能（0，1）、（1，0）、（-1，0）、（0，-1）。

③ 如果在一个长度为 1 的立体积木上，则会有 6 个可能（0，0，1）、（0，1，0）、（1，0，0）、（0，0，-1）、（0，-1，0）、（-1，0，0）。

可以发现，每增加一个维度，位置信息的丰富程度就会随之增加，同时计算一个物体的数据也就会变得复杂。所以，最后只有足够高的算力才能计算一个虚拟物体的运动轨迹。

制作 CPU 的工艺越来越先进的结果就是：变小但变强的 CPU 可以支持更为复杂的 UI 设计。

2 从平面到立体的系统 UI

下面把三维的视角带入到系统 UI 的演化中，以时间轴先后为顺序观察 UI 设计的演变。

（1）静态的区块

早期的如 Palm 上，操作系统的 icon 像在一个点上，只有选中和未选中两个状态，无法移动。

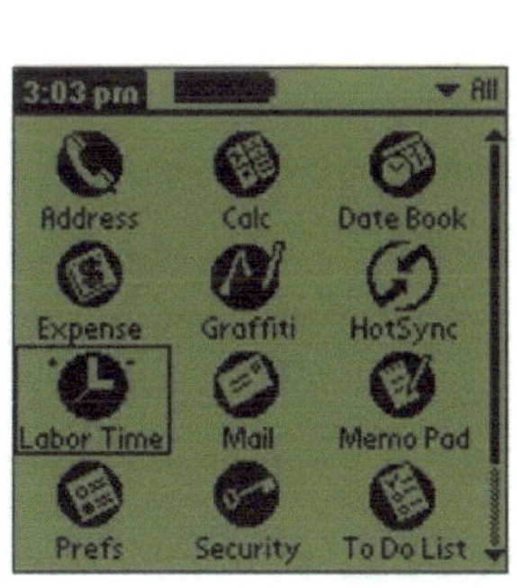

Palm 操作系统界面

（2）可以水平移动的区块

iPhone 的 iOS 系统出现后，在初代 iPhone 上被乔布斯称为“Mac OS X”，操作系统的 icon 可以在平面上移动。

初代 iPhone 的操作系统界面

（3）可以水平和垂直移动的区块

2013 年，诞生了富有争议的 iOS 7 系统，成为首次明确出现界面元素沿 *Z* 轴方向运动的 iOS 系统。

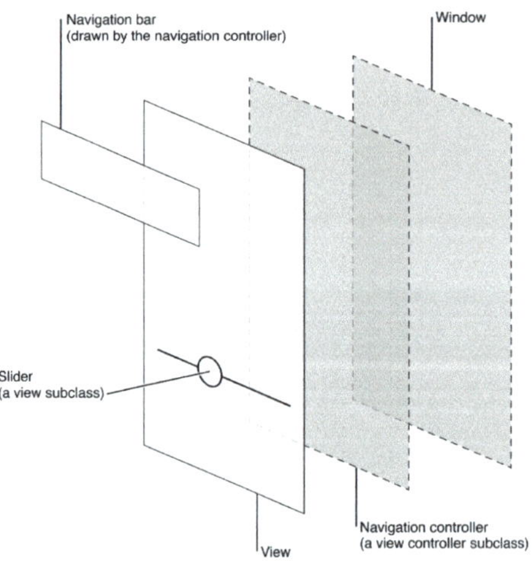

iOS 7 是历代 iPhone 中首次出现界面元素沿 *Z* 轴方向运动的 iOS 系统

操作系统的 icon 文件夹（注意是 icon 形状的文件夹）可以在空间上移动（沿着与界面垂直的 *z* 轴缩放），而非之前的向下展开的形式，同时出现了依靠惯性陀螺仪实现的视差动效。

3 逐渐丰富的界面效果

除了从线性到立体的变化，再看看以扁平化思想为主导的 3 个平台 UI 的差异。

扁平化设计的开始是微软的移动端，首先从 2006 年 Zegoe UI 起源的被称为 Metro Design 的设计风格，然后是 2013 年苹果推出的 iOS 7 的扁平化风格，紧随其后的是 2014 年谷歌的 Material Design。下面对比三者的细节。

	时间	界面的旋转平移	阴影高斯模糊	界面点击的特殊效果
Metro Design	2006 年	有	无	无
iOS 7	2013 年	有	有	无
Material Design	2014 年	有	有	有

在三维效果上，Windows Phone 的三维效果最简单，只有简单的平移和旋转，没有阴影及高斯模糊，而 Material Design 的最为丰富，不仅阴影有明确规范的差异，而且点击之后会有水波般的效果。

我们可以猜测，苹果公司的设计师并非不想在初代 iPhone 上使用更多的 3D 效果、更多的高斯模糊或者视差动效，而是当时的硬件没有能力去实现现在的效果（iPhone4 运行 iOS 7 必然会出现严重的卡顿）。逐步变小变强的晶体管“积木”支撑了系统的动画效果，为界面和产品功能的演化提供了可能。那么，为什么处理信息的能力越来越强，而界面却走向了扁平化?

12.2 信息认知的平衡定律

1 视觉内容的匮乏导致形式信息的复杂化

假设进入一间纯白色的房子，亮到每个墙角都看不见，那么，事实上这和进入一间漆黑的屋子是一样的结果——没有轮廓，没有透视，没有阴影和遮挡。我们没有办法判断身处的环境及物体之间的距离，这种极端的抽象并非我们认知追求的最后结果，在这种环境下期望出现阴影和在漆黑一片的屋子里期望出现光亮是一样的。

认知针对极度单调的信息环境会有逆简化趋势，追求形式信息的复杂和多样，可以称之为逆简化原理。

比如，早期的印刷术无法印刷复杂的图片，为了丰富视觉信息，增加修饰和使用复杂的衬线体就成为一个基本的解决方式。即使是在今天，衬线体也依旧是印刷的主流字体。

欧洲最早的印刷品《古腾堡圣经》中具有曲折的衬线体文字及繁冗的花纹修饰

UI 设计对形式的复杂化表现在 icon 的三维设计上。早期的 iPhone 可以支撑足够清晰的彩色图标，但是却无法支撑需要更多计算需求的三维动画，因此人们便通过拟物化的手段来丰富视觉信息，于是拟物化的 icon 快速替代了功能机原有的单色图标。

instagram 的 CEO 亲自操刀设计的一个模仿 Polariod SX-70 造型的 icon

所以，拟物化 icon 是界面构成元素过度单调的逆简化结果，就像衬线体一样。

2 视觉内容的充实导致形式信息的简化

观察各种各样的酒杯，可以发现，白酒和日本清酒的酒杯是不透明的，而鸡尾酒和葡萄酒的酒杯则是透明的。

透明的鸡尾酒酒杯

杯子透明与否的关键是酒本身是否带有颜色，如果酒的颜色需要作为一种重要的信息被传递出来（比如鸡尾酒），那么承载内容的形式就需要被简化。

鸡尾酒的例子说明了一个简单的道理：视觉内容的充实会导致形式信息的简化。UI 的扁平化过程也是如此。

12.3 UI 扁平化的过程

1 富媒体化导致软件内部界面形式信息的简化

互联网带宽与手机计算能力的提升造成的直接结果就是 UI 的内容越来越富媒体化。早期互联网仅支持纯文本的编辑，以及尺寸不大的图片，这一时期论坛和门户网站处在发展的黄金期；在网络进一步发展后，在用户数增加的情况下，社交属性的产品出现，如 Facebook；当无线网络出现后，即时通信软件开始广泛流行，如微信，Messager；当无线网速进一步提升后，直播形式的应用和服务出现，如 Facebook 的直播功能。

Facebook 的直播界面

视觉内容信息的丰富多彩就好比鸡尾酒的颜色越来越丰富，而盛酒的杯子——软件的形式也就需要变得越来越透明，扁平化实际上就伴随着这一过程逐步成为设计的主流。

2 系统 UI 界面的三维化需要去除拟物界面的冗余信息

当手机不足以真实地在界面形成三维空间的效果时，拟物化设计要在平面上传递“三维信息”，一个精致的 icon 或者界面就需要表达相应的图形深度线索，比如，静止的阴影、渐变、透视，于是出现了漂亮的高光、拉丝效果、水晶效果、拟物的纹理。这些信息实际上作为形式来丰富界面的体验，就像衬线体的拐角一样。

拟物风格 icon 的光影效果

但是当手机可以支持第三个维度的视觉信息时，拟物化的界面开始出现了一种“违和感”。在具有纵深维度的界面中，拟物化的界面好比把真实的照片放在三维空间中移动，如下图所示。

透视的违和感

已经处在透视状态的真实照片看上去依旧是“正面的”，而不是应该出现透视变形，而平面化的阴影则保持正常的透视变形。

造成这种“违和感”的原因是三维动效的空间结构已经表达了界面真实的三维信息，二维平面上的拟物化造成了“三维信息”的冗余。也就是说，本来用来丰富视觉信息的“静态的阴影、渐变、透视”开始与真实的动态的阴影、渐变、透视出现了矛盾，于是需要把那部分冗余的信息去掉，这就是界面扁平化的第二个原因。

基于用户体验的一致性，如果软件内部扁平化了，那么软件入口的 icon 也必须扁平化，只有这样才能形成完整的用户体验。

12.4 扁平化设计的要点

1 扁平化并不扁平——通过三维空间隐喻信息结构

扁平化设计有一个极为重要的特点，那就是对空间关系的使用，比如旋转和缩放。首先看下图所示的效果。

一个 24 寸显示器需要大致 18 个 iPhone 6 才能铺满

界面设计需要呈现有层次的信息，当移动端遇到海量的信息时，移动端面临的问题就是展示区域相对 PC 端大为减小。具有层次的信息和狭小的展示空间出现了矛盾，而这个问题的答案其实也是层次本身。

再回顾一下格式塔的临近原则，临近的图形被看成是一组，如果平面范围不足以展示信息，那么如何展示分组且相关的信息呢？这就是空间上的格式塔，图形深度线索的应用。

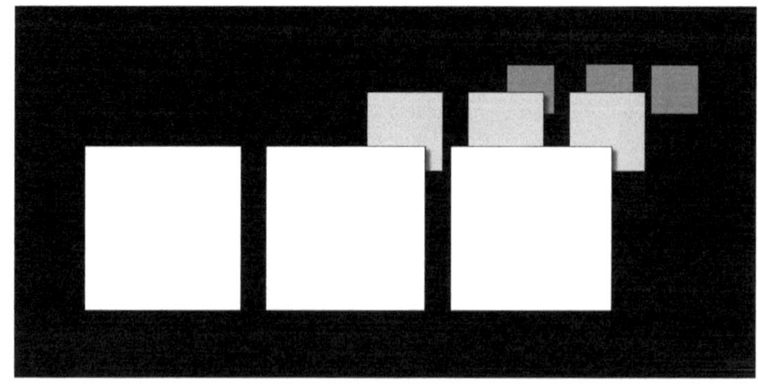

空间格式塔

对比一下 iOS 系统的 iPhone 4 和 iPhone 6 对文件夹的处理方式：iPhone 4 是文件夹下滑展开，而 iPhone 6 则是空间缩放，也就是用透视关系表现信息的层次。

两个系统展开文件夹方式的对比

在扁平化设计中，出现了大量以三维方式展示信息的手段，比如，层级缩放、水波般的点击效果，以及高斯模糊的景深、旋转、缩放等自然真实的效果。扁平化对真实世界物理规律的模拟，才是真正的“拟物”。

2 通过距离区隔信息

根据简化原理，手机在高网速和高运算能力的支持下，UI 拥有了更多的多媒体信息，那么尽量减小软件本身的修饰属性就成为扁平化设计除了对空间关系使用外的另一个特点。

但是去掉了页面的修饰元素，也意味着区隔信息的手段变得更少，所以扁平化界面形成了通过空间区隔视觉信息的方式，于是出现了“无框界面”“无 UI 设计”。

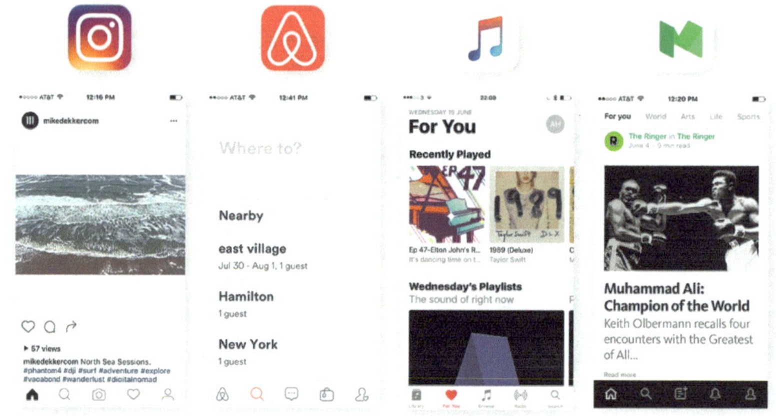

“无框界面”的应用程序

3 简化与逆简化的平衡

狭窄的展示空间要求使用空间关系表示层次，那么，如果空间不狭窄是不是就不会那么扁平，反而变得立体呢？

先看下面两图所示空间的差异，注意 icon 之间的间距，Mac OS 的 icon 间距要远大于 iOS 的 icon 间距。

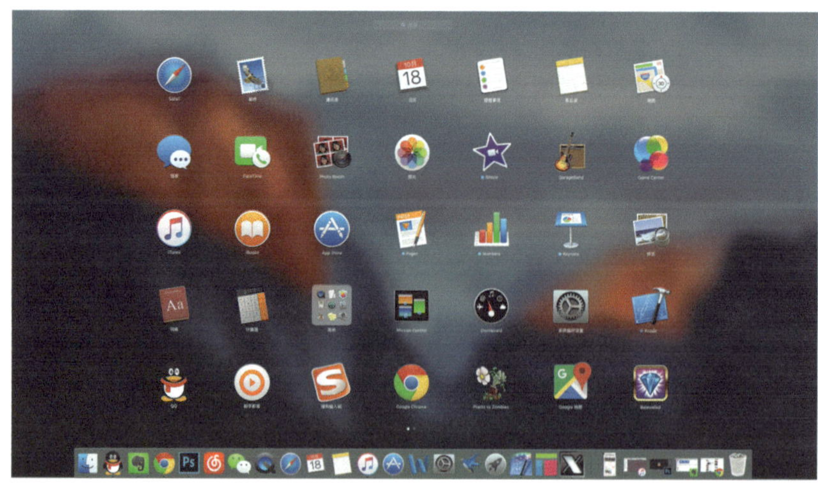

Mac OS 的界面

iPhone 6 的界面

再看一下两个系统平台 icon 的对比，Mac OS 的 icon 拥有更多的“三维”信息线索，以及更多的细节。

所以答案是肯定的，桌面端并不需要像手机一样尽量地折叠信息。也就是说，三维动态形式的运用（如缩放动画）在桌面端出现的情况，要比在移动端低很多，桌面端也就可以继续通过拟物的阴影和材质过渡来表达 icon 的三维属性。

12.5 小结

扁平化的整体逻辑如下：

① 技术进步使得视觉信息内容的富媒体化，导致系统 UI 出现更丰富的三维特效和其他效果。

② 为了平衡信息内容的富媒体化和三维效果，界面的形式信息需要被简化。

③ 为了简化信息形式和去除拟物设计带来的三维信息冗余，界面与 icon 被扁平化。

总的来说，当内容信息不足时，逆简化原理产生作用导致形式复杂，而当形式信息出现冗余时，简化原理产生作用导致形式简化，认知对信息的需求处在动态平衡之中。所以最终我们看到 UI 界面的扁平化并不是简单的潮流，而是界面设计发展必须经过的阶段。

13

人工智能与UI设计——智能的本质

13.1 人工智能带来的危机感

2016 年，AlphaGo 大战李世石的新闻备受瞩目，成为人工智能技术渐趋成熟的标志性事件。这种全新的技术给各行各业都带来一种前所未有的危机感，对于设计师而言，会担心人工智能替代设计师。如果会代替设计师，会以何种程度在哪些领域替代设计师？抑或是人工智能很大地促进设计师的工作，就像 Adobe 公司的各种图像处理软件一样帮助设计师？ 人工智能对 UI 设计会有怎样的影响？

AlphaGo 最终以 4:1 战胜李世石

这些都是本章希望讨论的问题，并且希望通过对人工智能的讨论进一步引起我们对智慧和认知更进一步的思考。

在讨论这些问题之前，首先了解现在的人工智能技术是怎样的，以及它是如何做到以往技术没有做到的事情的。

1 基本概念

首先要清楚人工智能（Artificial Intelligence）是一个计算机领域的技术，直译过来泛指人通过机器实现的智能。现在的人工智能技术往往伴随着两个词——人工神经网络与机器学习。

那么人工神经网络又是什么？现有的人工智能技术最大的特点是模拟生命的智能，那么最直接的方法就是模仿生物神经网络的结构和功能的数学模型或计算模型，它形成的就是人工神经网络（Artificial Neural Network, ANN），简称神经网络。

人工神经网络与机器学习和人工智能的关系是什么？具体如下图所示。

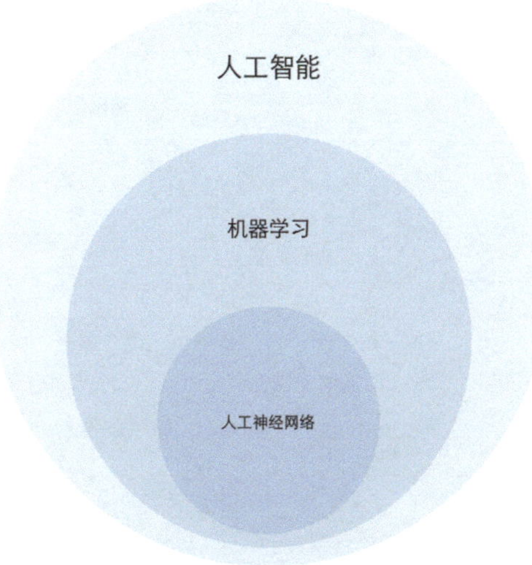

人工神经网络是机器学习的一种技术，而机器学习又是广义人工智能技术的一种。

除了人工神经网络与机器学习，深度学习也是经常被提起的名词，它们之间又是什么关系？首先，要对人工神经网络有一个粗浅的了解，如下图所示。

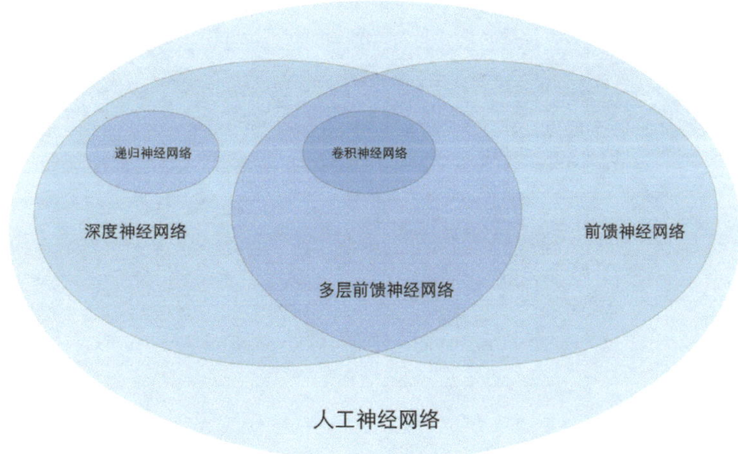

深度神经网络是指含有多个隐藏的人工神经网络，它有几个重要的类型，如递归神经网络、卷积神经网络、多层前馈神经网络，这几种神经网络有不同的应用场景。

依赖深度神经网络的机器学习被称为深度学习，所以深度学习也是机器学习技术的一种，也在广义人工智能包含的范围内。深度学习中的“深度”可以表示出多个层级，如下图所示。

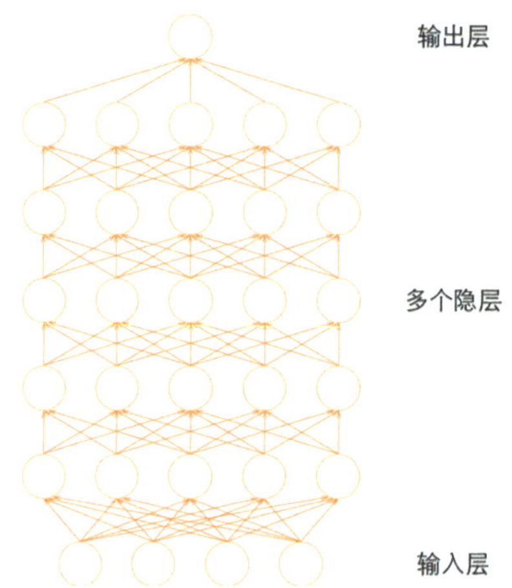

深度神经网络的“深度”可以表示出多个层级

如果进行更深入的分类，深度学习又可以分为无监督学习和监督学习，如下图所示。

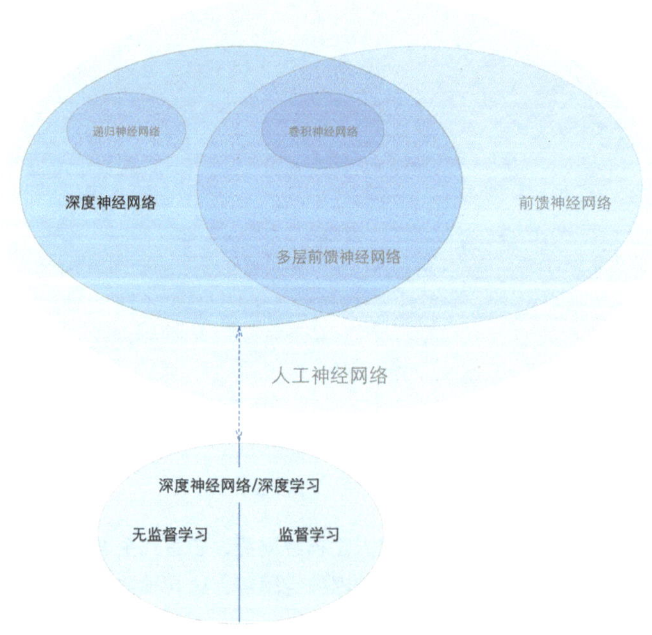

神经网络是要通过数据来训练（学习）的，所以如果先通过具有相关性的标签化的数据训练网络，那么这部分数据就是通过人的监督来筛选的，这就是监督学习。

假如不告诉人工神经网络什么是对的，而是通过神经网络自己进行聚类学习，除了识别出一般的香蕉、苹果，甚至还会发现特殊品种，这种就是无监督学习，或者叫非监督学习。

从人工智能到无监督学习，概念之间的关系图如下图所示。

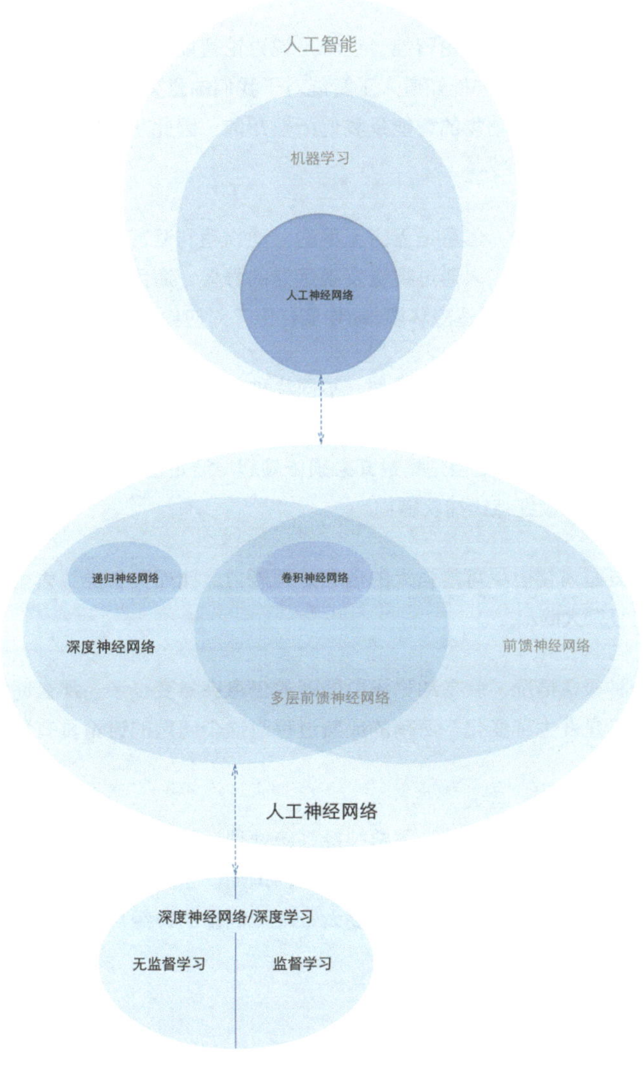

围棋大战的胜利说明，以深度学习代表的新技术，达到了以往人工智能技术没有达到的高度，在最为复杂的博弈层面战胜了人类，那么这种技术为什么会产生如此强大的能力？

13.2 智能的必要性

讨论人工智能的前提是讨论智能，也就是说讨论智能对我们的意义是什么。只有在明确这一点之后，才能知道人工智能对于我们的意义。与人工智能相对应，生物的智能，或者说动物的智能是我们所熟知的，因此从动物智能的角度讨论智能的意义就最为恰当。

在动物所处的环境中，信息是无穷无尽的，动物趋利避害的本能需要在无穷无尽的信息中发现危险。人通过视觉发现远处的野兽，海兔遇到物理刺激的时候会本能地收缩身体。为了适应环境，动物演化出了对应纷繁复杂信息的生存方式。

第一种方式是限制信息流入的类型，不同物种的动物在感官层面向着不同的方向演化，这样生物仅需要接收到对其至关重要的信息，而忽略其他的次要信息。人的耳朵听不到超声波，但是蝙蝠却必须依赖超声波定位；人眼看不到红外线，但是某些蛇却依赖红外线捕获猎物。

第二种方式是演化出尽可能强大的信息处理能力，比如灵长类等大型哺乳动物演化出的复杂大脑。

但是有一种极端情况，就是动物需要处理的信息突然变少了，那么动物对智能的需求是不是发生了变化？海鞘的成熟过程对这个问题的讨论具有独特的启示意义。

幼年的海鞘需要在海中游动，需要神经系统处理运动信息，因此海鞘长出了功能类似鱼类脊椎的神级索，用来控制尾巴的运动；当成年后，海鞘会固着在岩石上，不再需要移动，也就不再需要大量耗费能量的神经系统，海鞘演化出了消化自己神经系统的能力。

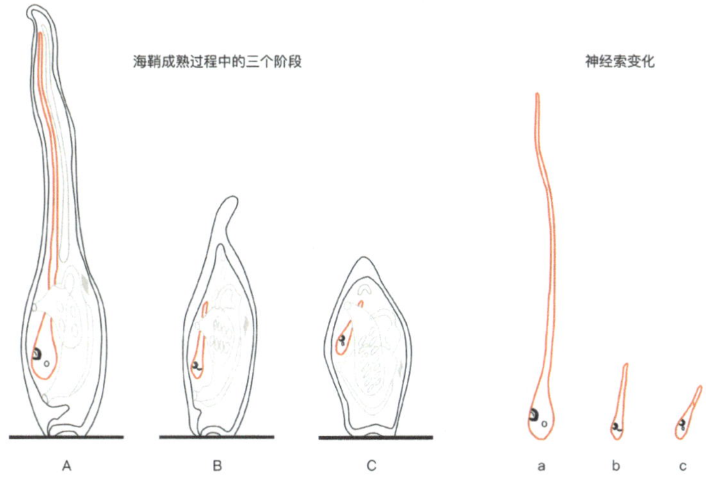

海鞘的神经索在成熟过程中逐渐萎缩

海鞘的例子说明：无限的信息处理需求与有限的信息处理能力的冲突导致了神经系统的出现和演化，而当处理信息的需求消失以后，神经系统就不再是动物必备的，动物的智能依赖于信息处理的需求。

我们把智能与信息的关系转移回互联网，首先看一下互联网技术迭代与代表性的互联网产品之间的关系。

	2007 年	2013 年	2017 年
关键技术	光纤互联网等	3G 通信 / 后置摄像头等	4G 通信 / 前置摄像头等
产品形态	门户网站 / 个人博客	图片分享 /IM 即时通信	直播 / 短视频
代表产品	新浪 /Facebook	Instagram/ 微信	快手 / 抖音

早期互联网仅能提供有限的带宽，网站的内容以文本和小尺寸的图片为主，门户网站起着非常重要的作用；当 3G 技术普及后，以图片为主的社交网络和 IM 软件开始蓬勃发展；当 4G 技术普及后，通过手机直播的互联网产品开始火爆起来，这时作者本人使用的网络速度已经是 10 年前的 1000 倍，相信每个读者都会获得与作者类似的体验——网速与互联网产品的快速更迭。

以上例子说明智能与信息之间存在着某种关系，这种关系可能有以下 3 种：

① 智能是信息的目的。

② 智能是信息的结果。

③ 智能被信息滋养。

这 3 种观点哪些是正确的，哪些又是错误的？

第一个显然是错的，目的论的缺陷就是试图证明所有事物存在的意义，如果智能是信息的目的，那么智能的演化就应该一蹴而就，而不是花费亿万年才出现人类，这也是神创论对进化论反驳最无力的地方；第二种说法不够完善，智能不是信息直接的结果，是处理信息需求的结果，噪音与被过滤的无用信息并不能促进智慧生成并变得更为强大；第三种说法是正确的，但不够精确，应该是有价值的信息会促进智能的发展。

总的来说，当动物处理特定信息可以获得竞争优势的时候，就会逐渐演化出处理信息的神经系统和身体功能，对于人工智能而言也是一样的，只有具有大量复杂的信息处理需求出现的时候，人工智能技术才会成为必须存在的技术。

人类研究鸟类飞行和青蛙捕捉昆虫，最终造出了飞机和雷达。研究生物的神经系统，也有助于研究人工智能，相关的学者正是沿着这样的逻辑展开研究的，并且获得了大量的成果。本书先从智能的基础——智能载体的可塑性开始讨论。

13.3 智能的基础——神经系统的可塑性

生命对于处理信息具有了急迫的需求才产生智能，而智能的基础就需要必要的物质条件。在“09　如何在 UI 中引导注意力——自上而下”一章中通论过有关记忆的问题，其中有一个重要的概念——神经的可塑性。一个儿童可以学习绘画，也可以学习音乐，可以根据需要学习新的知识和技能，这些知识和技能会改变儿童的神经结构，而这种结构的变化反映出了智能的可塑性。

可塑性的存在代表着两方面的意义。第一点，可塑性代表神经系统可以记录信息，这就是人的外显记忆；第二点，可塑性代表处理信息的系统本身可以与外界信息进行互动，这就是人的内隐记忆。

1　人的智能的可塑性

在“04　邻近原则与赫布定律”一章中介绍过神经元与赫布定律，但是没有更为细致地说明神经元是以什么方式相连的，下面展开叙述。

首先，神经元之间的联系是以突触完成的。一个神经元细胞受到刺激后会把刺激最终通过突触传递给其他的神经元。突触相连的方式是多样的，可以从轴突到树突，也可以从轴突到细胞体，还可以从轴突到轴突，如下图所示。

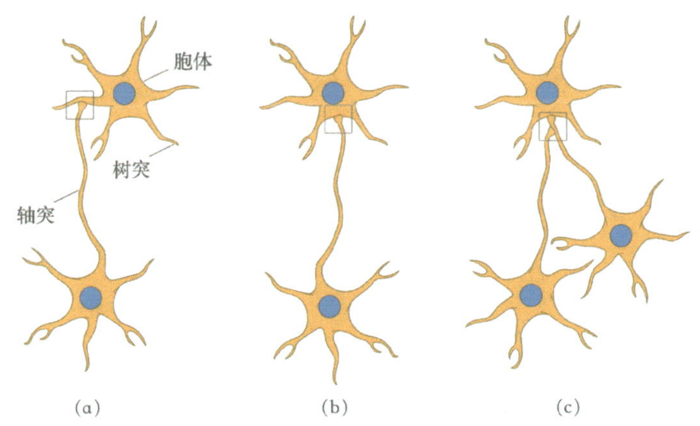

其次，突触不仅可以传递兴奋，而且可以抑制兴奋，这是化学突触的两个类型，GrayI 型突触，通常为兴奋性的；GrayII 型突触，通常为抑制性的，如下图所示。

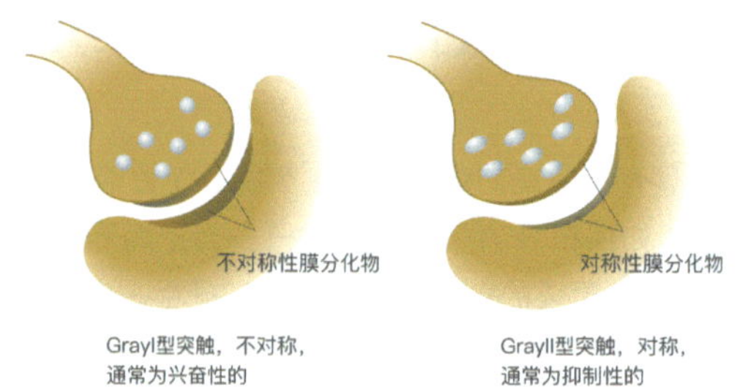

第三，神经信号在神经元之间的传递主要分为两步，第一步是在轴突上传导，另一部分是在突触上传导。轴突上的传导主要以沿着神经轴突流动的电信号实现，而在轴突的末端，也就是在突触上，则主要通过化学突触分泌的化学递质实现，很少数是电突触。通过不同突触以不同方式相连的神经元最终构成了赫布的细胞集合的网络。

第四，细胞集合的形成是神经传递效能的强化过程。一个神经元受到另一个神经元反复频繁的刺激后，两个神经之间的联系就被加强了。神经传递效能的强化方式有以下几种。

（1）突触可塑性的强化

突触的容量可以改变，如下图所示。

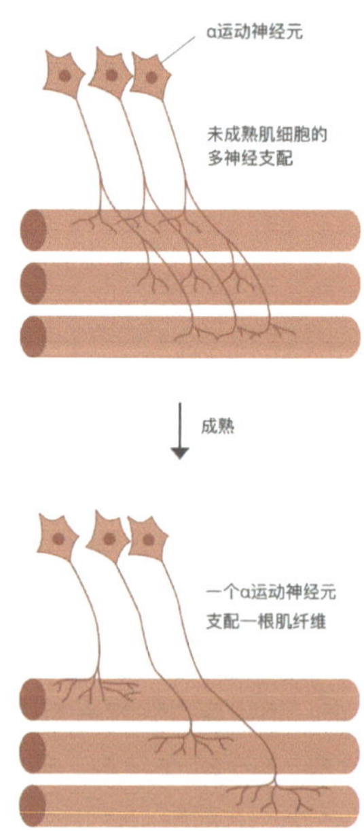

每一个神经元在树突和胞体上接受有限数量的突触，这一数量较神经元的突触容量少。在运动神经元成熟之前，有很多并不需要的突触，任意一个运动神经元的刺激都可能促使相关的肌纤维产生反应，这样运动的行为就不是精确的。而在经过长期锻炼之后，不需要的突触消失，一个神经元支配一根肌纤维，这样运动就可以变得非常精确。婴幼儿的突触数量要多于成年人，所以婴儿的运动是缓慢且不精确的，而成年人则可以做出复杂的动作。人类运动神经的发展过程和海鞘消化神经索的过程正好相反，运动信息刺激了神经的发展，使运动神经变得更为强大，这也说明了有价值的信息有助于神经系统的发展。

除了突触的分布可以发生变化，突触也可以进行重排列，如下图所示。

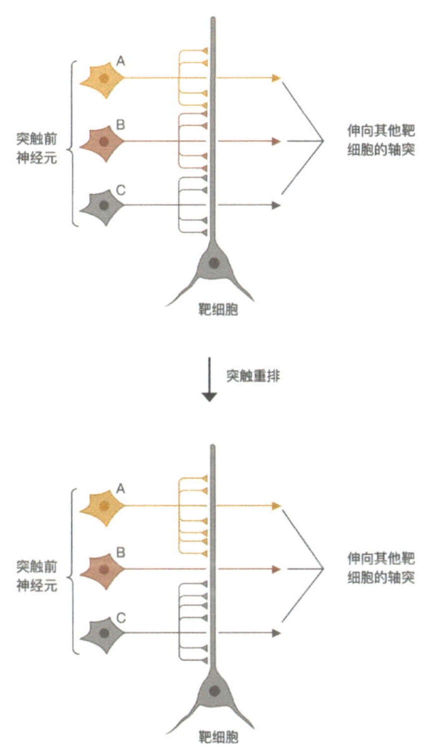

一个神经元可以接受来自A、B、C等3个神经元一共12个突触刺激，经过重排后，A和C各提供6个突触，而B则不提供，这种由一种突触方式变为另一种的方式，被称为突触重排。

（2）髓鞘的增厚

传递电信号的神经轴突被浸浴在可导电的含盐细胞外液中，类似于导线的内芯金属层，它所在环境的绝缘性相对较差，而髓鞘则相当于导线内芯外部的绝缘层，它由多层神经胶质细胞膜组成。髓鞘并不是沿着轴突持续不断地延伸的，而是有一些中断，被称为朗飞氏结。髓鞘的作用是可以使电信号在朗飞氏结之间传导得更远、更快。

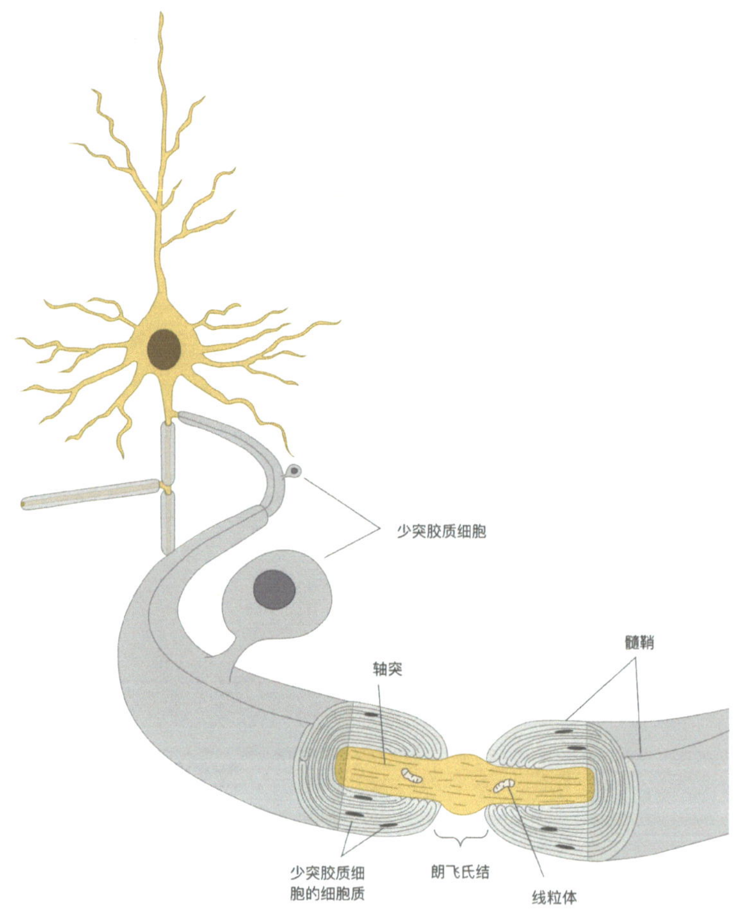

最新研究表明，持续的锻炼和刺激可以增加髓鞘的厚度，达到加快传递神经元间电信号的目的。

（3）细胞凋亡

简单地说，神经元的存活依赖于靶细胞（被刺激的细胞）提供的营养因子，而对营养因子的竞争结果就是部分神经元的凋亡。

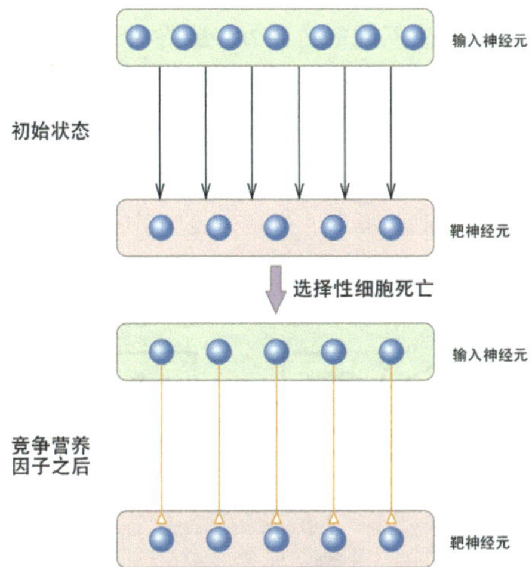

细胞凋亡不同于细胞的坏死，细胞凋亡是因为吸收不到营养因子，选择表达自我破坏性遗传指令的结果。通过细胞凋亡可以发现，神经系统在追求尽可能的高效。

以上所有神经元微观结构的变化总体上遵循着赫布定律，都是赫布定律以某种具体形态表达的结果，有的改变突触，有的使细胞凋亡，这些神经层面的围观变化形成的神经可塑性构成了人类智能的基础。

2　人工神经网络的可塑性

既然人工神经网络是模拟生物的神经网络构建的，那么，必然会有一个基础单位——神经元，那么这个神经元是什么样的呢？首先，观察一个生物神经元：树突传入信号，轴突传出信号。

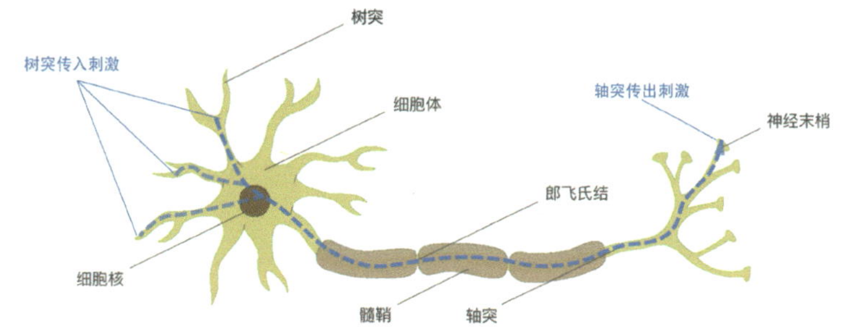

一个神经元可以有几个树突传入信号，树突传入的信号为 *w*，不同树突有不同的强度，且对信号传递产生不同的效果 *p*，最终由一个轴突传出信号（轴突末端的突触可以分散这些信号），那么假设传递的过程没有衰减，轴突传出的信号为 *s*，那么 $s=w1*p1+w2*p2+\cdots+wn*pn$，这个公式的意思是轴突传出的效果是由每个树突 *w* 及每个树突强度 *p* 的共同作用决定的。

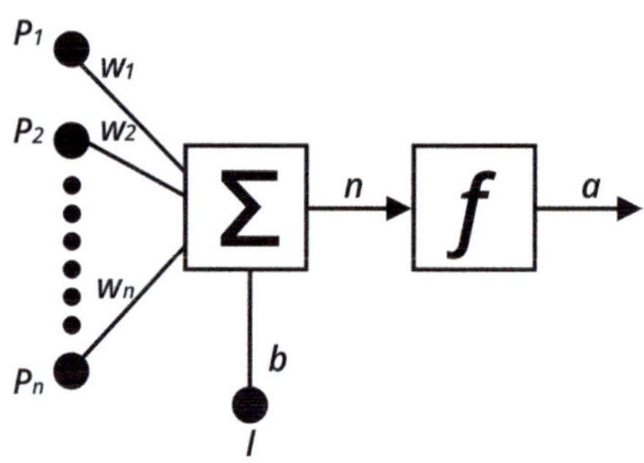

很显然，*w* 的数量和 *p* 的强度都可以发生变化，进而影响到最终的 *s*。下图是谷歌的 TensorFlow 展示神经网络工作过程的网页截图。

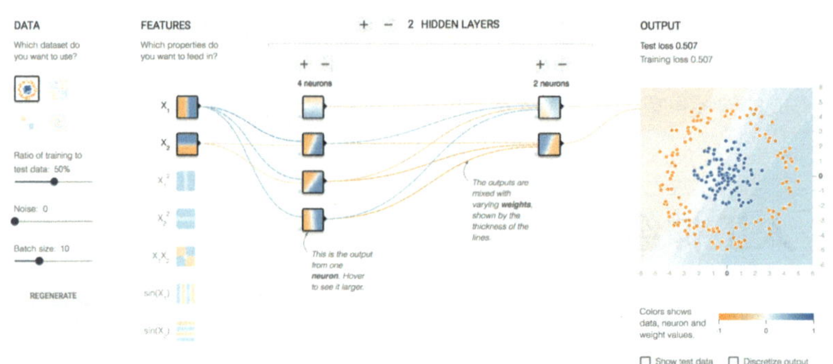

起始状态每个神经元之间的连接既有橙线也有蓝线，在训练结束的状态中发现有的蓝线加强了，有的橙线加强了，而且不同层次之间连接的方式发生了变化，这就是通过数据训练产生的结果，好比神经元的连接发生变化的过程，也是人工神经网络可塑性的表现。

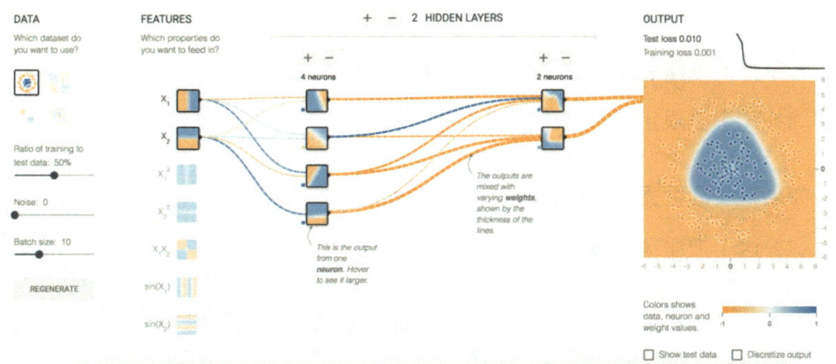

所以对于人工智能而言，物理硬盘可以与人的外显记忆相似，而人工智能技术在软件层面的变化就形成了类似人的内隐记忆的能力，在这个过程中数据变为一个极为重要的部分。

13.4 从数据中学习

前面讨论了人的神经系统和人工神经网络的可塑性，可塑性的重要价值就是通过输入的信息来改变处理信息的方式。

下面举个有趣的例子，来对比传统的程序与具有可塑性的人是如何进行判断的，这里的传统程序可以被认为是机器学习之外的计算机软件技术。

1 传统程序的弊端

做一个基本的假设，一个人如果有 5000 根头发就算不秃头，而低于 5000 根算秃头。传统的程序写下的代码大致意思为：如果（if）头发数量多于等于 5000 根，那么不秃头；否则（else），少于 5000 根，那么秃头。显然这会遇到各种各样的问题：

① 一个人如果掉了一根头发，从 5000 根变成了 4999 根，那么算不算秃头？

为了弥补这个绝对化的答案，会设置一个过渡区，即假设 4900~4999 的数据算不太秃。

② 如果掉的是脑袋后面的头发，正面看不见怎么办？

为了弥补这个要限定只有掉正面的头发才算秃头。

③ 如果是头顶很秃，外围很多的头发（谢顶）算不算秃头？

为了弥补这个把谢顶的算秃头。

④ 如果一个人脑袋很大，5000 根头发看起来很秃，如果脑袋很小，5000 根头发看起来不少怎么办？

为了解决这一条，我们再加上一条，用头发除以头皮的面积，低于限定值算秃头，高于限定值不算。

⑤ 狗的毛非常少，是不是有点秃？

计算机无法回答，因为基本预设是用来判定人的，我们得把狗的模型加进去，为了防止遗漏，还要把猫加进去，有毛的加进去，森林加进去……

这个过程在现实中会发生各种超出简单预料的变化，程序员要不停地限制条件，给出解决的判定方法，而计算机完全没有自主的智能，编程过程需要无穷无尽的补丁。事实上，现在所有计算机的鼻祖——打孔机就是产生上述矛盾的根源。

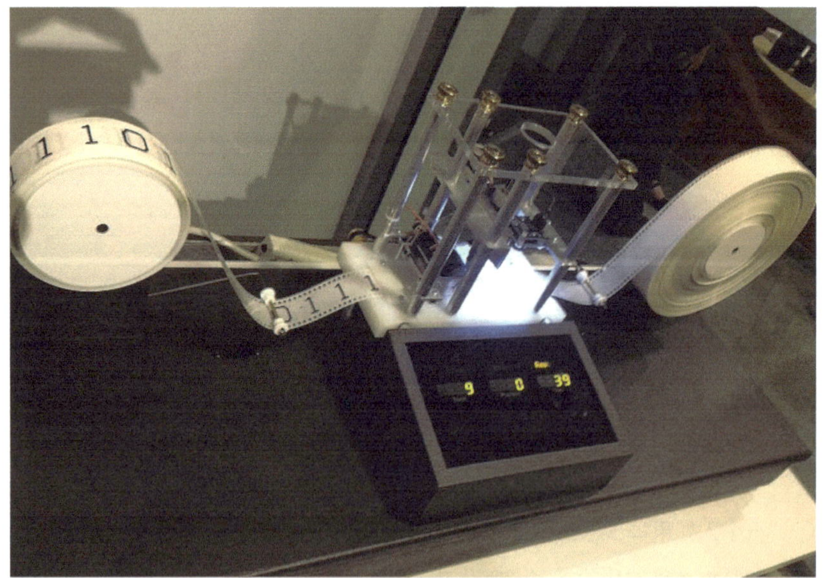

打孔机有一套基本的规则，按照这个规则根据不同的输入会输出不同的结果，

无论数据输入是什么样的，都不会影响基本的规则，现有的计算机算法和硬件结构都没有在根本上动摇打孔机的基本原理。

2 人的判断

第一点，输入的信息成为记忆，参与人们对这个词的认知。小的时候我们看过秃头的图片或者真人，大人说这叫秃头，然后我们就知道头发少算秃头。这样少一根头发、少正面的头发、谢顶、头脑大小的问题都通过记忆的对比得以解决。

第二点，人类会自然学习获得信息中的相关性。我们说头发秃了、林子秃了，但是不会说胡子秃了、树根秃了。“秃”除了暗含必须是生长方向自下而上与数量变少的的相关性，还暗含了必须是细条状的变少与数量变少的相关性，因此也不能说“地上的房屋数量变秃了”，而只能说“地上的房屋数量变少了”。所以，实际上是细条状、自下而上生长、数量变得稀少三重条件才满足“秃”的使用，我们是通过视觉信息暗含的相关性才掌握了这个字的意义。

第三点，将获得的概念进行迁移，用来形容其他事物。当语文课本里出现“山秃了”，我们明白秃是一个形容数量变得稀少的形容词，就明白“山秃了”是指山上的树木变少了，当然也就可以判断狗是不是秃了。

赫布定律强调反复刺激可以改变神经元之间的联系，也就是说，输入的信息最终塑造了神经元之间的联系，经过反复训练或者刺激形成的细胞集合，在宏观上形成的就是人的内隐记忆和外显记忆，就是人们的知识、经验、技能甚至是偏好。

3 信息参数与程序的互动是人工智能的关键

记忆一方面本身就是信息，更关键的是记忆也保持了信息之间的相关性信息，如“秃”与生长方向和生长物体形态的关系。另一方面，记忆会影响新信息的获取过程，越是高等的动物，越可以从记忆中获得信息，来对刚接触到的信息进行加工，也就是说，从旧有信息获得的记忆，反过来会影响新信息的加工过程，这就是我们利用先前的记忆形成了判断“秃头”的能力。

有两种力量在塑造人的神经系统，一种来自于遗传，婴儿具有极高的学习能力和各种本能，这就是神经的可塑性达到的效果；另一种来自于环境中的信息，外界信息与神经系统的互动塑造了我们处理信息的方式，改变了我们和世界。

我们可以通过一个简单的比喻理解其中的不同。假设一个人的一生就是不断播放的互动电影，那么这个电影的数据就是我们的生活环境，电影本身的信息会极大地影响我们处理信息的方式。但是如果把这些数据存储到现在的计算机中，这些数据对计算机系统本身不会产生任何影响，Windows 系统和 Mac OS 系统不会因为看了一万个电影产生变化。

所以，传统计算机处理信息的规则（软件系统）具有决定性的影响，计算规则与参数之间的互动是极为简单、低效的，传统程序中没有“记忆”参与处理信息的过程。

现在的人工神经网络代表的技术最大的特点就是信息参数与程序的互动，算法程序获得的信息变得非常关键。

13.5 人工智能如何模拟人的智能

1 视觉抽象与图像识别

在“06 图形的意义与物体识别”一章中已经说明了视觉形成概念的过程，大家初步了解了感受野的工作原理，现在继续介绍视觉信息传递的流程，如下图所示为视觉信息的两个通路。

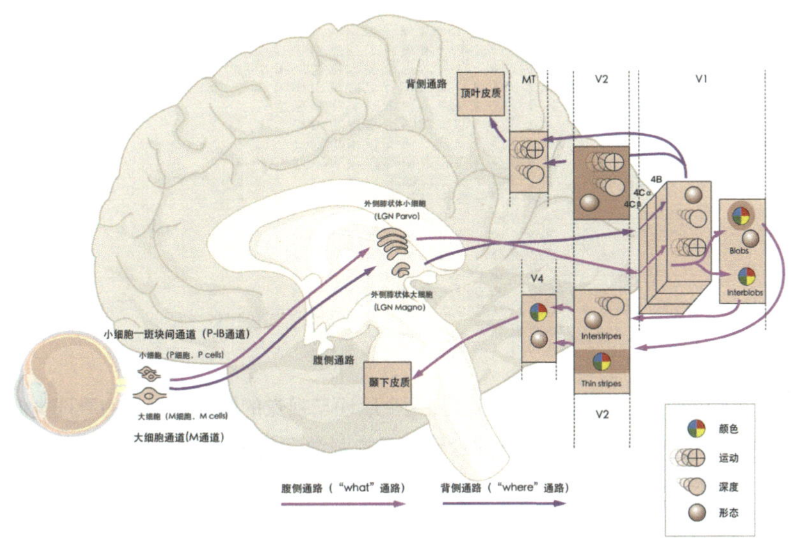

视觉的两个通路

概括地说，视觉首先形成基本的方向判断，然后逐层整合继续抽象，变成基本的纹理和小轮廓，最后形成轮廓概念。

现在的人工智能技术和人类视觉的“what”通路极其相似。视觉信息经过视网膜 -LGN-V1-V2/V4-IT 最终形成抽象概念，而卷积神经网络可以预测 IT 区的放电，也就是说，因为原理上的一致，卷积神经网络可以在时间有限的情况下，完成与人类非常类似的识别任务，大家可以尝试了解这个过程。

首先，我们知道图片在计算机上最终是以像素的形式呈现出来的，如下图所示。

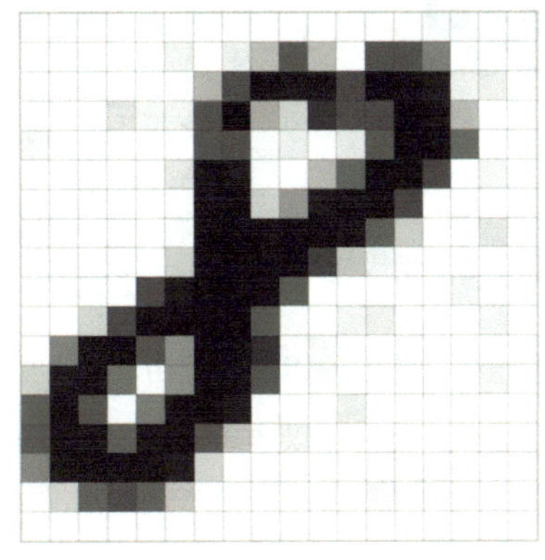

如果把像素的值变成数字，那么“8”就可以变成下面的样子。

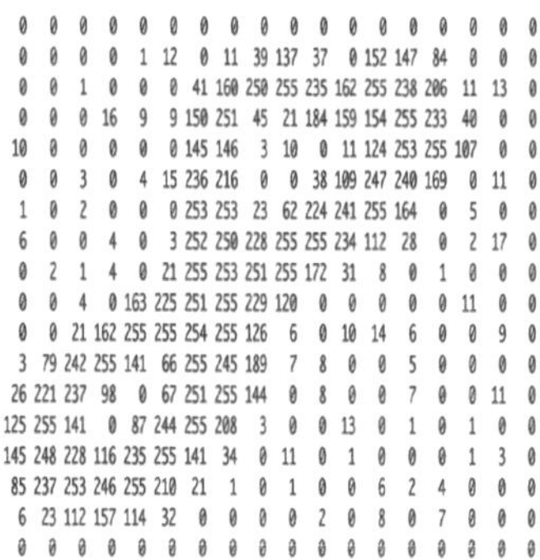

0	0	0	0	0	0	0	0	0	0	0	0	0	0	0	0	0	0
0	0	0	0	1	12	0	11	39	137	37	0	152	147	84	0	0	0
0	0	1	0	0	0	41	160	250	255	235	162	255	238	206	11	13	0
0	0	0	16	9	9	150	251	45	21	184	159	154	255	233	40	0	0
10	0	0	0	0	0	145	146	3	10	0	11	124	253	255	107	0	0
0	0	3	0	4	15	236	216	0	0	38	109	247	240	169	0	11	0
1	0	2	0	0	0	253	253	23	62	224	241	255	164	0	5	0	0
6	0	0	4	0	3	252	250	228	255	255	234	112	28	0	2	17	0
0	2	1	4	0	21	255	253	251	255	172	31	8	0	1	0	0	0
0	0	4	0	163	225	251	255	229	120	0	0	0	0	0	11	0	0
0	0	21	162	255	255	254	255	126	6	0	10	14	6	0	0	9	0
3	79	242	255	141	66	255	245	189	7	8	0	0	5	0	0	0	0
26	221	237	98	0	67	251	255	144	0	8	0	0	7	0	0	11	0
125	255	141	0	87	244	255	208	3	0	0	13	0	1	0	1	0	0
145	248	228	116	235	255	141	34	0	11	0	1	0	0	0	1	3	0
85	237	253	246	255	210	21	1	0	1	0	0	6	2	4	0	0	0
6	23	112	157	114	32	0	0	0	0	2	0	8	0	7	0	0	0
0	0	0	0	0	0	0	0	0	0	0	0	0	0	0	0	0	0

其次，引入卷积核来对数据进行处理，这个原理与视觉的感受野工作的原理类似。人类视觉形成的微观结构是从综合感受野的刺激，判断简单的线条方向和运动方向开始的，而卷积核就像一个感受野。

卷积核是一组特殊数字组成的小矩阵，卷积过程就是把图像转化成的数据经过卷积核来处理，下面是对卷积过程的模拟。

① 先用 0 和 1 来代表一个深灰色矩形在白色背景的情况，1 代表深灰色矩形一个单位的像素，0 代表白色区域一个单位的像素，如下图所示。

0	0	0	0	0	0	0	0	0	0	0	0	0	0
0	0	0	0	0	0	0	0	0	0	0	0	0	0
0	0	0	0	0	0	0	0	0	0	0	0	0	0
0	0	0	1	1	1	1	1	1	1	1	0	0	0
0	0	0	1	1	1	1	1	1	1	1	0	0	0
0	0	0	1	1	1	1	1	1	1	1	0	0	0
0	0	0	1	1	1	1	1	1	1	1	0	0	0
0	0	0	1	1	1	1	1	1	1	1	0	0	0
0	0	0	1	1	1	1	1	1	1	1	0	0	0
0	0	0	1	1	1	1	1	1	1	1	0	0	0
0	0	0	1	1	1	1	1	1	1	1	0	0	0
0	0	0	0	0	0	0	0	0	0	0	0	0	0
0	0	0	0	0	0	0	0	0	0	0	0	0	0
0	0	0	0	0	0	0	0	0	0	0	0	0	0

这里的数字 0 和 1 就组成了一组大矩阵。

② 选择一个经典的卷积核，它的作用是处理由 0 和 1 组成的大矩阵，识别出这个大矩阵图形的边界。我们可以选择下面这个由 9 个数字组成的经典卷积核。

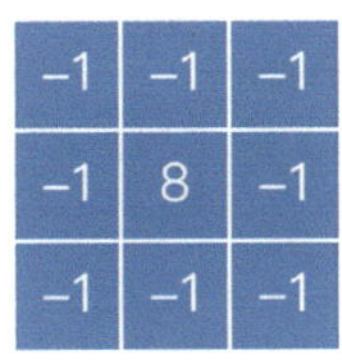

卷积核

观察这个卷积核，它与视网膜上的感受野非常类似，如下图所示。

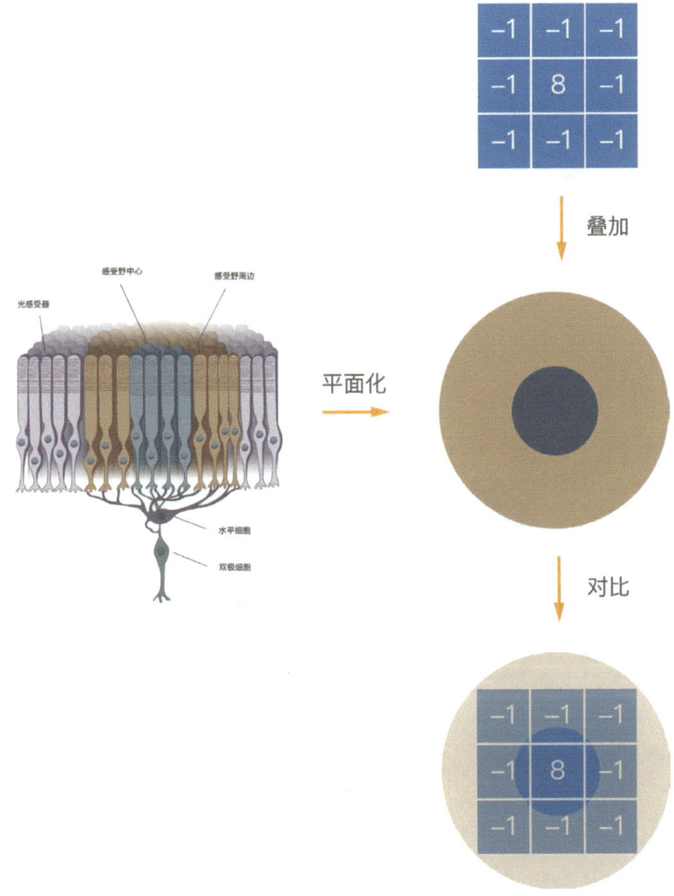

卷积核与感受野类似

③　用卷积核对数据进行处理的第一步，求卷积核与大矩阵的内积。

内积的计算方法是两个维度相同的矩阵按照维度的序列相乘，然后再求算数和。如下图所示，从大矩阵左上角选取一个数字构成全部为 0 小矩阵（橙黄色），来进行计算。

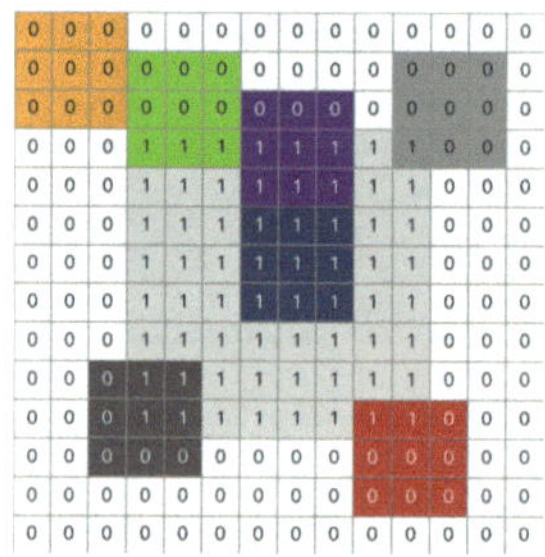

大矩阵可以切割出不同的 7 种小矩阵

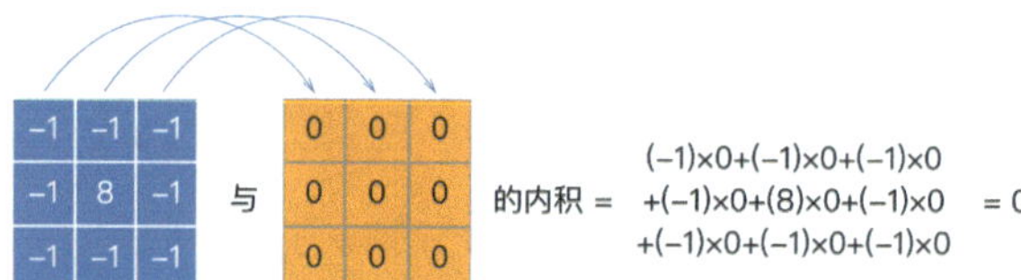

卷积核与左上角第一个小矩阵进行矩阵内积计算的过程

下面观察一下大矩阵。首先，大矩阵中有 5 种矩阵是旋转后相似的，可以归为一类。

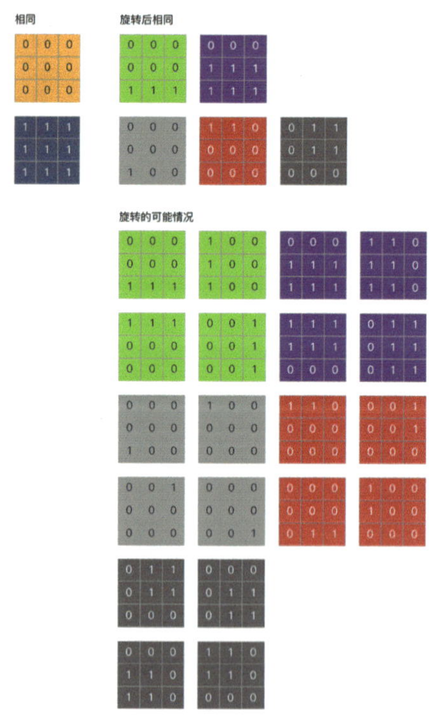

5 种旋转后相同

对于旋转的小块矩阵，卷积核与这些小矩阵的计算的结果是不是一样的呢？如下图所示。

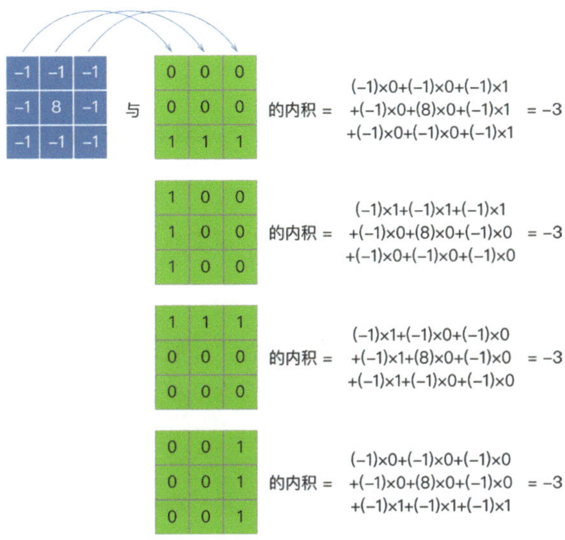

旋转相同的小矩阵与卷积核的内积是一致的

旋转的小矩阵与卷积核的内积一致的原因是这个卷积核本身就是中心对称的，所以任何方向旋转计算的结果都一致。

所有数字的组合去掉旋转计算结果的有 7 种，卷积核与这 7 种小矩阵的内积结果如下图所示。

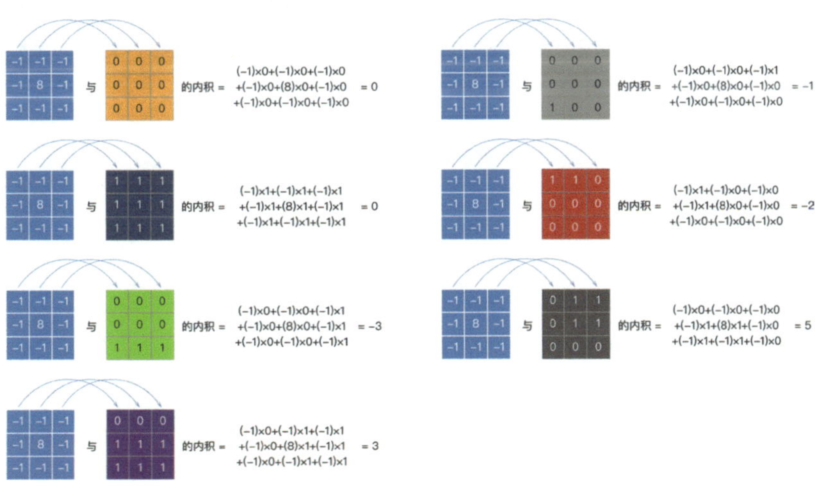

卷积核与 7 种不同小矩阵内积的结果

观察结果，可以发现，卷积核与小矩阵的内积结果与感受野的工作原理非常类似，这表现在以下 5 点。

第一点：卷积核存在中心与周边的差异，这表现在数字 8 与围绕数字 8 的（-1）的差异。

第二点：中心与周边对刺激的反应是相反的，这表现在中心的 8 为正号（+），而周边的符号为负号（-）。

第三点：卷积核与感受野的细胞一样都可以感受到刺激，这表现在卷积核中的每个数字都参与了乘法的运算。

第四点：所有数字乘积求和就像水平细胞的工作原理一样，当中心与周边获得刺激的同时会彼此抵消，比如，卷积核与全为 0 和全为 1 的小矩阵相乘时结果都为 0。

第五点：与感受野类似，卷积核与小矩阵“具有边缘”的内积绝对值最大，比如有 3 个 1 或者 6 个 1 的矩阵。

卷积核像感受野一样可以对大矩阵局部进行处理，那么如何将这些每一小块的计算结果综合起来呢？我们的视觉系统中有大量的感受野，但是卷积核只有一个，如何变成多个呢？只要让这个卷积核“运动起来就可以”。

④ 用卷积核对数据进行处理的第二步，位移卷积核处理矩阵。每次将卷积核移动一个方格，处理出一个数字作为最终处理图像的一个像素，将这些数字累积起来就形成一个新的矩阵，也就是处理后的图像信息，处理的过程和结果如下图所示。

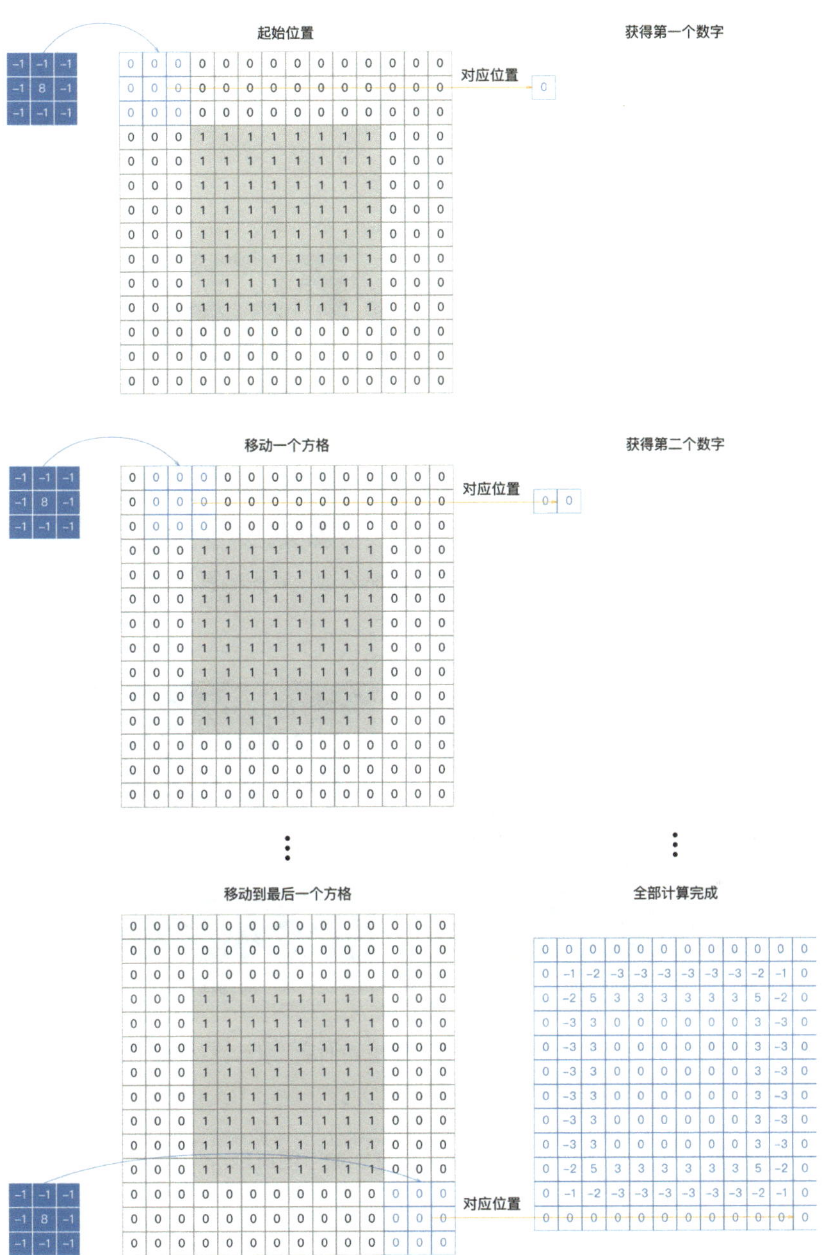

对于最终的数据，可以发现矩形的边缘出现了数字，而矩形的内部和外部都变成了 0。

在把黑色方块与白色背景转换的时候，我们默认把深灰色变为了 1，把白色变为了 0。按照这个思路，把获得的数字还原回去，结果数字会变成什么样子呢？这其中有一个问题就是我们获得了与起始不同的数字，出现了负值，比如（-1），（-2），（-3）。我们知道 0 代表白色，那么不应该存在比白色更白的颜色，所以以（-3）作为白色，从（-3）到（5），分为 9 个等级，那么获得数字变成的图像就是下图这样的。

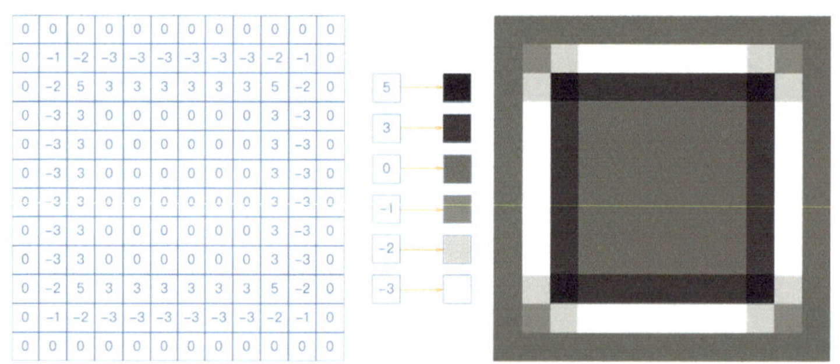

0	0	0	0	0	0	0	0	0	0	0	0
0	-1	-2	-3	-3	-3	-3	-3	-3	-2	-1	0
0	-2	5	3	3	3	3	3	3	5	-2	0
0	-3	3	0	0	0	0	0	0	3	-3	0
0	-3	3	0	0	0	0	0	0	3	-3	0
0	-3	3	0	0	0	0	0	0	3	-3	0
0	-3	3	0	0	0	0	0	0	3	-3	0
0	-3	3	0	0	0	0	0	0	3	-3	0
0	-3	3	0	0	0	0	0	0	3	-3	0
0	-2	5	3	3	3	3	3	3	5	-2	0
0	-1	-2	-3	-3	-3	-3	-3	-3	-2	-1	0
0	0	0	0	0	0	0	0	0	0	0	0

显然，这个卷积核具有识别轮廓的效果，那么这个卷积核真实的作用在图像上是什么样的呢？如下两图所示。

原始图像

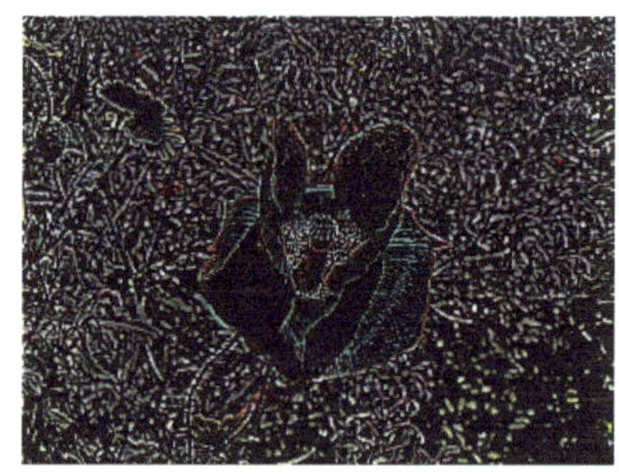

处理结果

卷积的起始阶段起到了“有形”抽象的作用，而之后的过程则是“无形”抽象的过程，如卷积神经网络中的 ReLU 与池化。

将整个过程与人类的“what”通路进行对比，如下图所示。

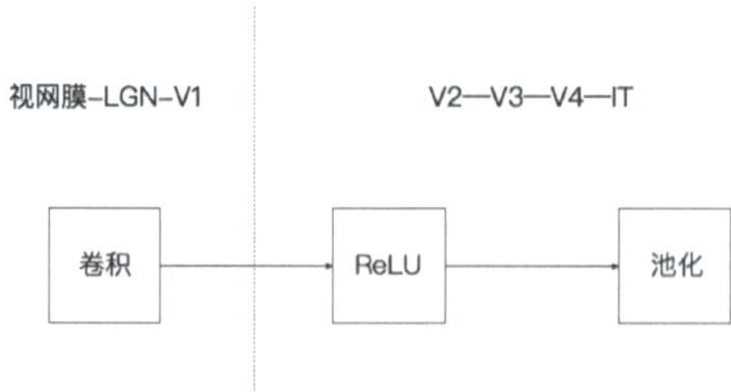

卷积神经网络的整体工作方式就是借鉴生物的视觉系统所建立的。

2 卷积核从何而来

卷积神经网络对视觉信息处理的关键一步就是卷积核的设计，那么卷积核是从哪里来的？在上边的过程当中，卷积核是由人工经验给出的，而在实际的深度学习中，卷积核除了根据经验设计获得，非常重要的是可以通过对数据参数的学习进行训练而获得。

而且，不光是卷积核，神经网络很多关键节点的参数都是通过数量不同的数据集合学习而来的，这就形成了类似人类的“内隐记忆”，达到了信息与程序本身进行互动的目的。

3 时间空间感知与语音语义识别

首先要讨论的一点是，我们听到的声音从信息的角度看，与我们的视觉有什么不同。声音高度依赖时间特征，而视觉高度依赖空间特征。我们可以欣赏凝固的画面——绘画艺术，但是没有凝固的音乐艺术。

视觉与听觉代表着我们对空间与时间的感知，处理这部分信息的脑区却都与海马区相关，这种功能性的一致其实反映出一个基本的逻辑，我们同时感知而非割裂地感知空间信息和时间信息。波士顿大学（Boston University）的神经科学家霍华德·埃辛鲍姆（Howard Eichenbaum）在研究小鼠海马的时候猜想，时间细胞能把事件按顺序布置在一个时间表上，如果记忆是一部电影，时间单元的作用就是将各帧画面按顺序排列。语音识别与图像识别一个关键的不同是语音识别需要时间的参与，需要一段连续的“记忆”，而图像识别是每个片段的“即刻”。

针对这种序列的特性，就出现了循环神经网络（RNN，recurrent neural network)，专门用于处理序列的神经网络。如下图所示，是卷积神经网络（CNN）与循环神经网络（RNN）的对比。

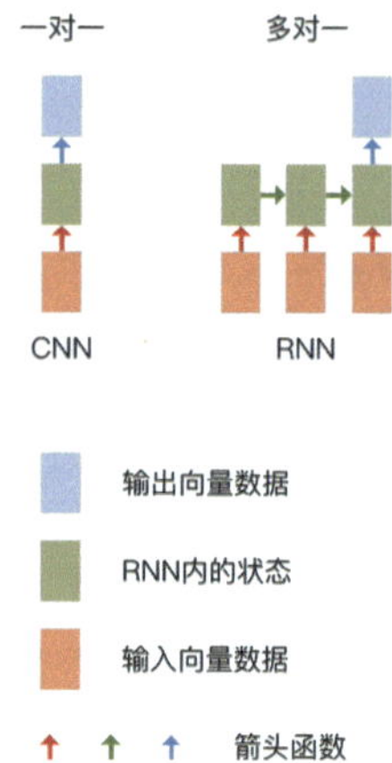

为了处理这样前后相关的序列信息，RNN 形成了一种“循环”的特点，系统的输出会以某种形式保留在网络里，和系统下一刻的输入共同决定下一刻的输出，“记忆”变成下一刻变化的依据。

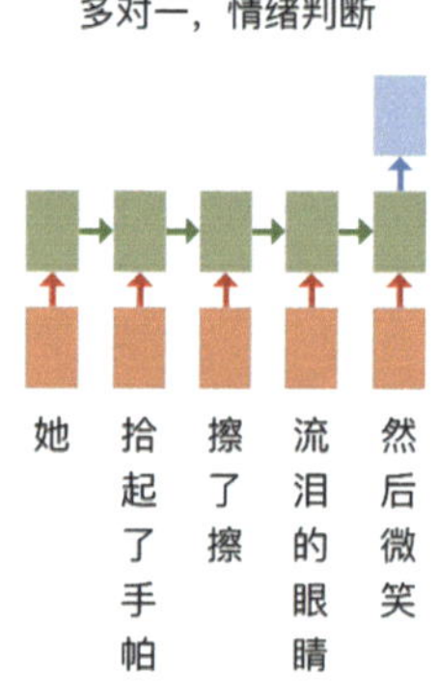

连续性是时间维度在信息上的一种价值，那么另一个价值就是后来的信息依赖于前面的信息，以前的信息为基础。“她拾起手帕”只是一句描述性的场景，而如果是“她拾起手帕，擦了擦流泪的眼睛”，则可能描述的是伤心的场景；如果再加上另一个转折“她拾起手帕，擦了擦流泪的眼睛，然后微笑”，则是喜极而泣。一句话必须依赖语境才能产生意义，最终的判断依赖于前面每一句话信息的铺垫。

再回到海马区。既然处理视觉信息与听觉信息都与这一区域相关，那么是不是也意味着分别与之对应的 CNN 与 RNN 存在可以产生协同的作用？CNN 的长项在于处理二维化的信息，而 RNN 擅长处理上下关联的信息。如果 RNN 每一部分的信息通过 CNN 来处理，得到的结果再由 RNN 分析岂不妙哉？搜狗的语音识别技术就采用了类似的原理，如下图所示。

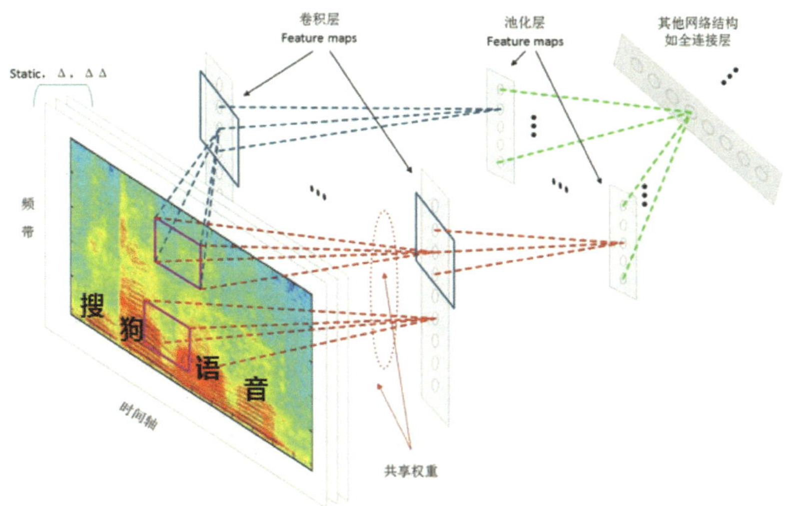

https://www.leiPhone.com/news/201609/MeknwgR9xf0nf8pc.html

声音信息本身是一个维度的，但是如果加入时间就可以变成二维的图形信息，而识别图形信息是 CNN 的强项，因此，用 CNN 识别，用 RNN 串联语义，就成为现在一种重要的处理语音语义的技术方向。

鱼和鲸都有流线型的外观和鳍肢，蝙蝠从陆生到进化发展出翼状前肢，形成类似鸟的翅膀。不同的生物在面对类似的环境时，都会演化出功能类似的生理功能，这就是生物的趋同演化。

CNN 与 RNN 协同产生作用的效果与海马的作用类似，人工智能与人的智能构成逻辑上的类似与生物的趋同演化极为相似，智能的载体是不同的，但是智能的本质——对信息的高效处理是一致的。

4　多维度的抽象能力与特征提取

一个刻有文字的木箱，对于爬行动物而言，它与石头一样只是它们前进途中的障碍；对于猩猩而言，它可能是一个垫脚的东西，以方便抓取悬在屋顶的香蕉；但是对于人类而言，箱子上的文字可以说明箱子所装物品的性质，木头的纹理说明制作箱子的木材的年轮，箱子表面的泥土可以说明其来源地，甚至可以让人产生联想写出一个小故事。在视觉信息形成的过程中，表现出了简化的特性，然而简化并不是终点，人们在把牛头的符号化成“A”的过程中，已经把一个单纯具象的视觉信息转换成另一个维度的语义信息，当人们在两千年后看到“A”

的时候，抽象化、符号化的“A”已经基本脱离了原有的含义，但是却可以成为以“A”打头的印欧语系中大量词汇的第一个字母，可以代表良好的成绩、上成的质量（“A 货”）、安培（ampere）等不同维度的含义。

对于高等的智能形式，抽象并不足够，还需要多维度的模式识别（Pattern Recognition）能力，可以对同量的信息在不同的角度进行抽象。人和猩猩几乎具有相同的视力，但是人类拥有语言和文字，而猩猩则没有，视觉符号被识别出更多的含义。猩猩相较于其他哺乳动物具有更高的学习能力，它们可以简单地使用“工具”，例如，可以用木棍吃白蚁、延展手臂的器物；哺乳动物相较冷血的两栖动物而言，具有“情感”的优势——可以认出自己的伙伴，可以参与合作，比如高度依赖团队合作的犬科动物，同伴被识别成具有社会属性的同类，这些都是不同维度信息提取能力形成的结果。

多维度的模式识别依赖的是大量的记忆容量，大量的记忆可以存储不同记忆维度的信息，这样抽象出的信息可以和不同的记忆维度中的信息产生绑定（Binding），或者说同样的信息可以在不同的条件下激活不同的赫布细胞集合。

人工智能并没有像人类一样复杂的多维度的抽象能力，但是在人工神经网络中依旧可以逐渐抽象简单信息到更高的维度，具体如下表所示。

任务领域	原始输入	浅层特征	中层特征	高层特征	训练目标
语音	样本	频段、声音	音调、语素	单词	语音识别
文本	字母	单词、词组	短语、句子	段落、文章	语义理解
图像	像素	线条、纹理	图案、局部	物体	图像识别

输入的信息是具有简单特征的数据，在人工神经网络中，这些简单的信息逐渐形成了抽象的概念。

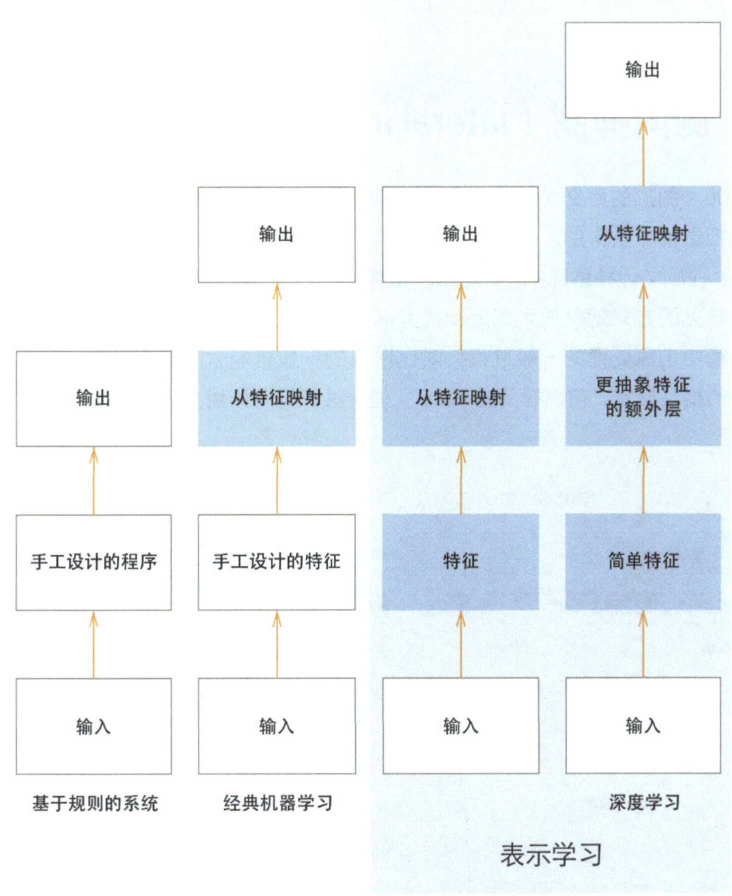

这是来自《深度学习》一书中的图表，前面有关判断秃头的例子就是基于规则的系统，也就是我们现在使用的主流软件系统的基本规则。经典机器学习、表示学习乃至深度学习，最大的特点就是不断地提升学习信息的维度，获得更为抽象的特征，这一点与智慧生物的特点再次不谋而合。

13.6 智能的作用是高效地处理信息

智能的作用是高效地处理信息，那么这个过程在微观世界又是怎样的？我们可以从几个例子中发现人工智能如何借鉴生物智能的特点提高对信息的处理效率。

1 侧向抑制（lateral inhibition）与轮廓识别

在“06 图形的意义与物体识别”一章中讨论了轮廓的成因，它是由视觉反差经过视觉抽象获得的，其中侧向抑制起到了重要作用，本章继续详细说明这个过程。在感觉传导路径中，信息从一个神经元到另一个神经元传递经常被转换，一种常见的方式就是放大邻近神经元间的差异，也称为对比增强，这是感觉传导路径中信息处理的一般过程。对比增强的一般机制就是侧向抑制，即邻近细胞间的相互抑制。前面提到过 Gray Ⅱ 型突触的抑制作用，如下图所示。

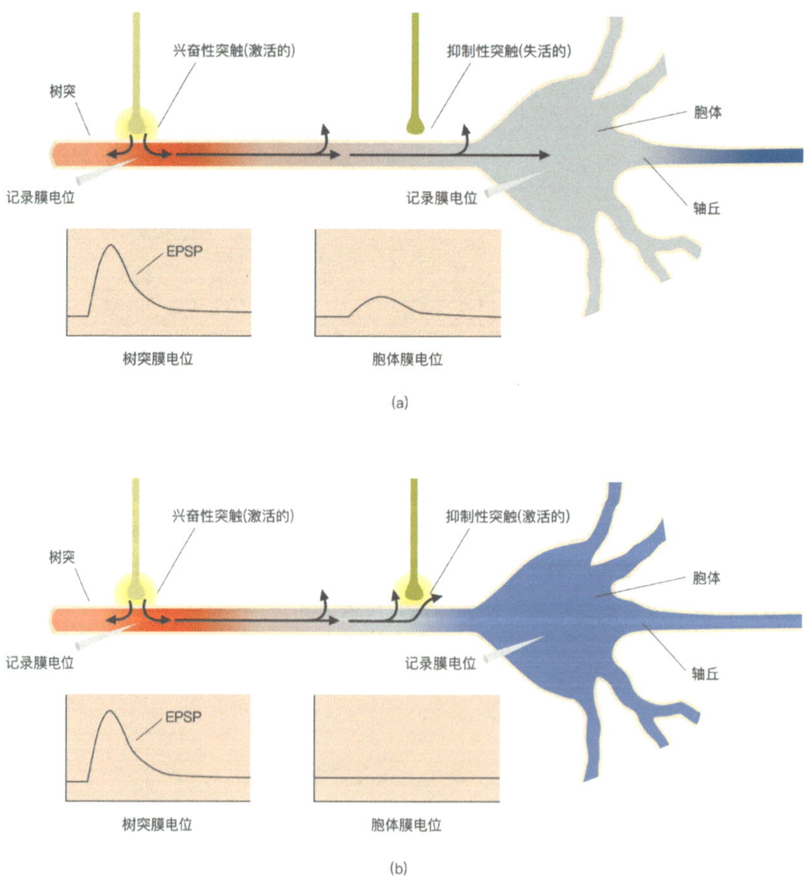

(a)

(b)

这种抑制作用就是侧向抑制的基础，我们可以尝试用简单的模型说明它的工作机制，如下图所示。

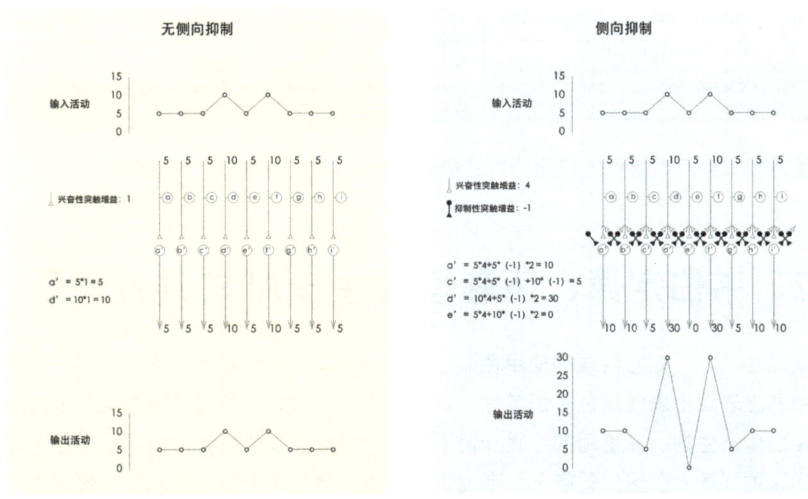

我们可以直观地感受到侧向抑制对放大信号的作用，那么如果把这种机制转化为技术形态是什么样子？

Vicarious 公司的一篇文章就说明了模拟神经机制的高效对 AI 研究的意义。Vicarious 是与 Deep Mind 在伦敦齐名的 AI 创业公司，只是后者因为被谷歌收购而名声大噪。Vicarious 研究的特点是大量借鉴神经科学家和脑科学家的科研成果进入人工智能领域，在其科研人员中有 20% 来自相关领域。Vicarious 在 NIPS、神经信息处理系统大会 (Conference and Workshop on Neural Information Processing Systems) 上发表了这样一篇论文，认为“利用了脑科学上非常成熟的成果：人类的神经系统普遍存在的侧向抑制的现象，在他们在模型上实现了侧向约束（Lateral Constraints）”，如下图所示。

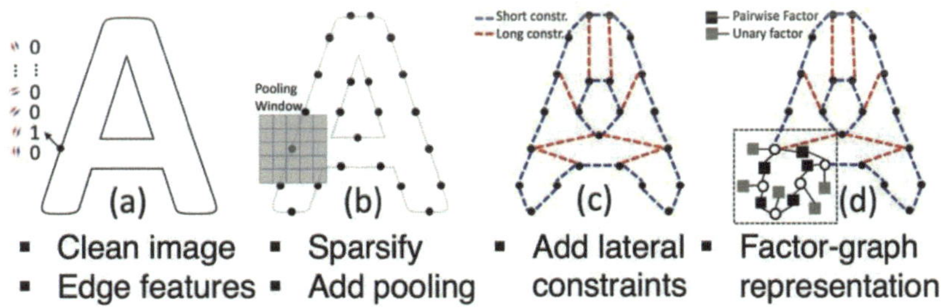

我们知道，侧向抑制的特点就是放大产生差异的刺激，那么对于轮廓的识别，加入了侧向抑制应该就会提高识别的效果。在字母验证码识别这个具体问题上，Vicarious 基于生成型形状模型的系统能够只用 1406 张图片作为训练集，就超越了利用深度学习的 800 万图片达到的效果。

Method	ICDAR	SVT	Training Data Size
PicRead (Karatzas et al., 2013)	63.1%	72.9%	N/A
Deep Struc. Learn. (Jaderberg et al., 2014a)	81.8%	71.7%	8,000,000 (synthetic)
PhotoOCR (Bissacco et al., 2013)	84.3%	78.0%	7,900,000 (manually labeled + augmented)
This paper	**86.2%**	**80.7 %**	**1,406** (776 letter images + 630 word images)

显然模拟神经系统处理信息的方式极大地提高了人工神经网络的效率。

2 韦伯定律、色彩恒常性与 AI 的线性性质

前面在“05 如何合理地使用色彩”一章中解释了韦伯定律。韦伯定律在视觉色彩上表现出来就是色彩恒常性，人对光线的反应并非按照其绝对值而是按照相对值产生的。在不同的冷暖光源下，人的视觉会调整看到的色调，还原色彩本来的样子；在图形轮廓上，韦伯定律的表现就是大小恒常性和形状恒常性，比如，远处的人不会被我们认为是玩具，透视变形的杯口不会被认为是椭圆。

很显然，智能抓住了视觉信息中本质的东西，就是比例不变。色相和明度的比例不变就是色彩恒常性，图形轮廓与周边参照物的比例不变就是大小恒常性，图形轮廓自身内部的比例不变就是形状恒线性。如果把比例不变抽象为数学特征，就是线性相关，可以从下面的例子理解其含义。把之前模拟识别方块的数字改一下，形成下面的样子，再用原来的卷积核进行处理。

移动到最后一个方格

0	0	0	0	0	0	0	0	0	0	0	0	0	0
0	0	0	0	0	0	0	0	0	0	0	0	0	0
0	0	0	0	0	0	0	0	0	0	0	0	0	0
0	0	0	5	5	5	5	5	5	5	5	0	0	0
0	0	0	5	5	5	5	5	5	5	5	0	0	0
0	0	0	5	5	5	5	5	5	5	5	0	0	0
0	0	0	5	5	5	5	5	5	5	5	0	0	0
0	0	0	5	5	5	5	5	5	5	5	0	0	0
0	0	0	5	5	5	5	5	5	5	5	0	0	0
0	0	0	5	5	5	5	5	5	5	5	0	0	0
0	0	0	5	5	5	5	5	5	5	5	0	0	0
0	0	0	0	0	0	0	0	0	0	0	0	0	0
0	0	0	0	0	0	0	0	0	0	0	0	0	0
0	0	0	0	0	0	0	0	0	0	0	0	0	0

-1	-1	-1
-1	8	-1
-1	-1	-1

全部计算完成

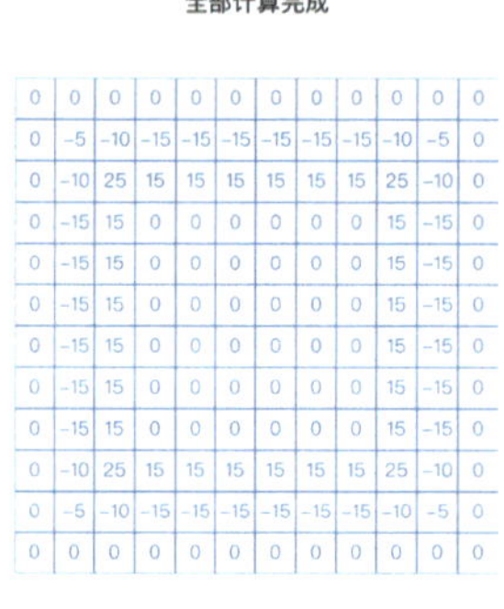

0	0	0	0	0	0	0	0	0	0	0	0
0	-5	-10	-15	-15	-15	-15	-15	-15	-10	-5	0
0	-10	25	15	15	15	15	15	15	25	-10	0
0	-15	15	0	0	0	0	0	0	15	-15	0
0	-15	15	0	0	0	0	0	0	15	-15	0
0	-15	15	0	0	0	0	0	0	15	-15	0
0	-15	15	0	0	0	0	0	0	15	-15	0
0	-15	15	0	0	0	0	0	0	15	-15	0
0	-15	15	0	0	0	0	0	0	15	-15	0
0	-10	25	15	15	15	15	15	15	25	-10	0
0	-5	-10	-15	-15	-15	-15	-15	-15	-10	-5	0
0	0	0	0	0	0	0	0	0	0	0	0

处理的结果与原有结果的区别就是矩阵的数字放大了 5 倍，但是边缘轮廓本身没有发生变化。左边的数字与右边的数字隐含了一种不会变化的相关关系，这就是 AI 的线性相关能力。

那么，如果将这种能力产品化会怎样呢？基本上，卷积神经网络可以用来识别不同的手写体文字，就是因为文字轮廓内在的比例关系被 AI 识别了出来。同样，在上面我们提到过语音处理的流程，现在的技术是把语音变成图形，识别后再

使用循环神经网络处理。方言相对于标准语言的差异除了单词主要表现在语调上，而方言与标准语言又存在相关关系。如果在卷积神经网络阶段能发现方言与标准语言的相关关系，就好比识别一个字母的不同手写体，也就可以识别出只是语调不同的方言词汇。

韦伯定律并不只在视觉领域产生作用，在听觉、触觉甚至心理活动中都存在这样的效应。也就是说，按照相对值处理信息的神经机制是广泛存在的，这种机制带来的高效在演化中会给生物带来优势，最终使该机制越来越多地复现在生物的信息处理系统中。

3　模因的迁移与迁移学习

当我们接触外界的信息时，会形成心理上的知识表征，这些知识表征并非固定不变的，而是可以迁移到其他地方进行变异和重组的。这里的迁移是指把知识和技能从一个问题情景转移至其他问题情景的现象。我们可以学习基本的数学理论，然后在任意合适的场景使用出来。比如，在杂货店购买口香糖可以使用基本的加减法计算扣款和余额；在具有恒定速度的地铁上通过乘坐时间用乘法大致计算上班通行的距离。再比如，假设一个母语是汉语的外语专业的学生，一般外语专业除了要学习第一外语，比如英语，还要学习第二外语，比如日语，那么如果他学习语言学得非常好，自然就可以充当日本人与英国人之间沟通交流的翻译，尽管他的母语是汉语。这个学生并没有直接学习将日语翻译成英语，但是他学习过中英与中日的翻译，在学习的过程中他形成了超越语言特征本身的抽象概念，然后这种概念在不同语言之间自由切换，可见迁移的过程是：第一种具象情况—通用的抽象内涵—第二种具象的情况。

谷歌在谷歌翻译上应用了一个名为谷歌神经机器翻译（Google Neural Machine Translation，GNMT）的技术，就实现了类似人类的迁移学习能力。

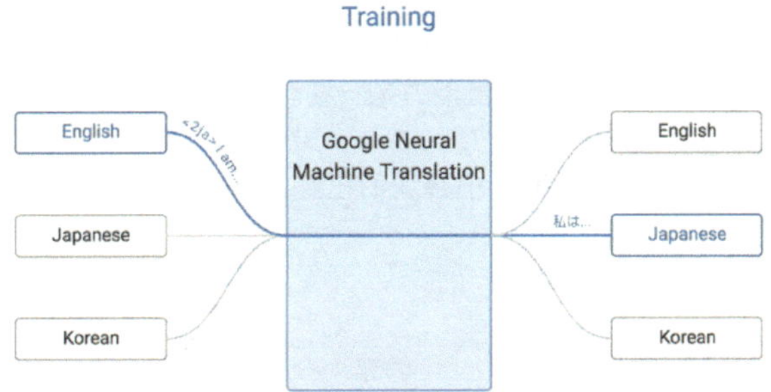

GNMT 的能力类似于前面举的外语专业的学生翻译的例子。在三种语言中，只学习过将一种语言翻译成另外两种语言，然后就可以形成另外两种语言互相翻译的能力，显然语言内化的抽象内涵被迁移了。

13.7 小结

第一点，讨论了人工智能应用的领域在于海量信息处理的方面。在讨论一个新兴技术的时候，首先要思考的是这种技术能做什么、不能做什么，以及新技术能产生的作用范围是怎样的，人工智能也是一样的。通过海鞘的例子可以知道，生物只有在具有信息处理的需求下才需要耗费能源的智能，人工智能技术也是如此，使用人工智能的先决条件是应对海量信息的处理需求。

第二点，以深度学习为代表的人工智能技术与生物智能的工作原理具有相似性。人工智能技术与传统计算机技术的区别是：人工神经网络技术与生物智能，在可塑性和与环境信息的互动（训练数据）的相似性上超越了以往的技术。生物智能的可塑性表现在神经系统的各种变化，这种变化除了由生物自身的生理机能决定，同时也依赖于环境信息与生物的信息互动的塑造。深度学习的可塑性表现在程序定义的关键参数（如卷积核）与训练数据的互动，任何形式的深度学习模型都必须依赖数据训练才能发挥作用。

第三点，对于信息处理需求的一致性，使生物智能与人工神经网络的智能功能形式具有类似于生物的“趋同性”，这表现在人工智能技术处理图像和语音的能力与生物智能处理信息原理的一致性上。感受野与卷积核作用原理的相似性，侧向抑制在 Vicarious 论文中的应用等并非偶然。

第四点，智能的目标是高效地处理信息，生物智能具有高效的信息处理能力，因此借鉴生物智能是提高人工智能能力是一种有效的方式。

开篇的问题在本章还没有回答，但是我们已经为下一章对问题的解答铺垫了基本的思路。

14

人工智能与UI设计——应用

人工智能会不会替代设计师？如果会替代设计师，会以何种方式、何种程度替代设计师？

对于第一个问题，我们担忧自己是不是会像过时的工具一样被替代，这种担忧是针对所有职业的，并且在某些领域已经变成现实。高盛在使用计算机程序进行交易后，裁撤了约 600 人的交易员职位。与之类似，在手机支付和理财应用的冲击下，现金交易和人们去银行的次数都快速下降，银行逐步开始裁撤柜员。

交易员与柜员的工作都是机器可以完成的，都是针对信息进行较为初级的处理。所以回答第一个问题的关键是，设计师的工作与机器的工作究竟在哪一点存在本质不同，如果存在这些本质的不同，那么无论人工智能发展到什么程度，都是人工智能无法替代的。

对于第二个问题，计算机出现后，新生的工具替换旧有的工具是我们熟悉的，比如 Photoshop 对设计师的帮助。

第二个问题也可以转化为“人工智能技术在设计中有哪些应用”，这个问题比较简单，下面先从这个问题入手。

14.1 人工智能在设计中的应用

人工智能技术并不是一个远在未来的技术，而是已经开始出现在设计应用中，下面尝试通过几个例子来说明这些技术在设计中的相关应用。

1 自动命名图层

Pixelmator Pro 是一款图像处理软件。这个软件的最大特点就是运用相对成熟的卷积神经网络识别图像并自动命名。

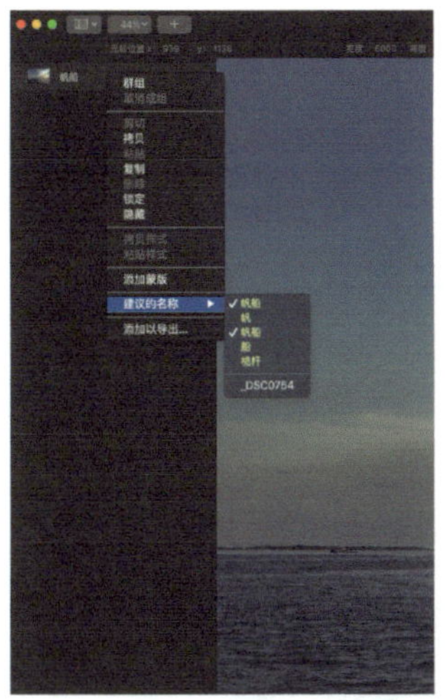

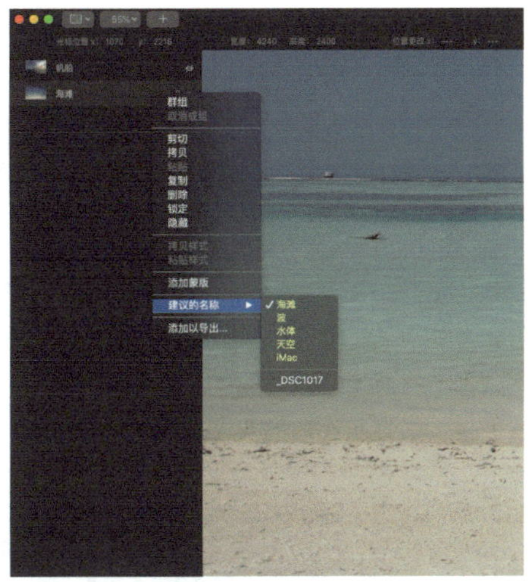

设计师经常会面对几十甚至上百个图层命名的问题，自动识别命名可以帮助设计师从这种重复的劳动中解放出来。

2 抠图

MIT CSAIL 的研究人员开发了一种基于深度学习的，能够自动抠图并且可以替换任何图像背景的抠图工具，相关论文为 *Semantic Soft Segmentation*（语义的柔性细分）。

下面简要介绍这个技术的工作过程。

首先，输入一张图片。

算法会对图片进行第一遍处理，形成基础的“语义特征”。

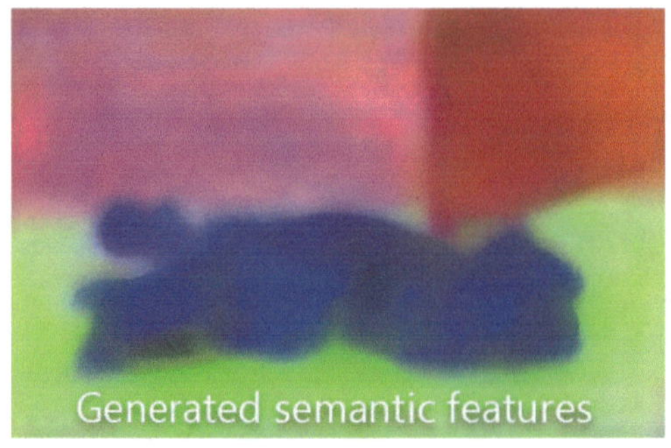

第二步，运算图片的消光关系、颜色关系和语义关系。

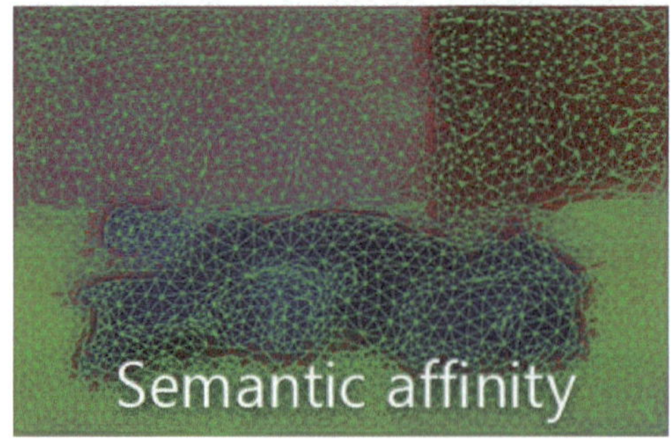

第三步，根据计算的关系等处理获得初始的图层分割结果。

第四步，根据各部分的相关关系组合分割的图层。

第五步，生成最终的分割图层，之后这一分割结果中的每部分就可以根据需要进行替换了。

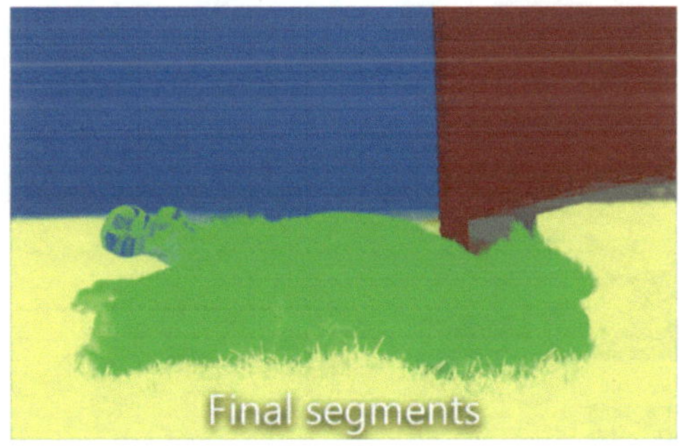

第六步，输出替换部分背景的图片。

3 视觉风格迁移

图像被识别的过程实际上是原图数据逐渐抽象化的过程，好比从“皮肉”中抽出事物的“骨架”。那么，如果倒过来，对抽象的结果进行新的不同的填充，再为“骨架”安上不同的“皮肉”，就可以获得一个与原图既有联系，但是又不一样的图像，也就是视觉风格的迁移，Prisma 就是这种风格迁移的应用，如下图所示。

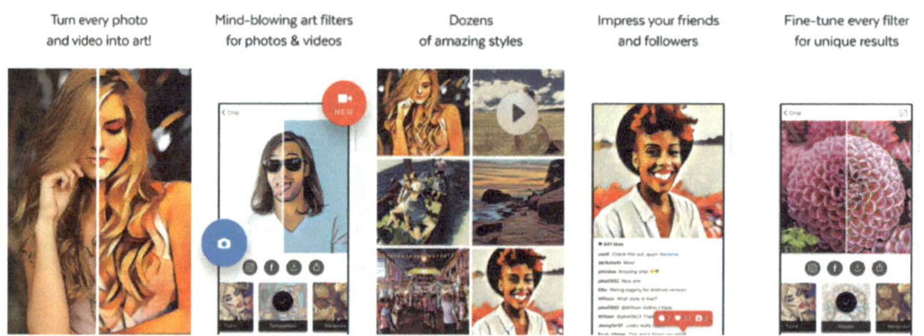

Prisma 背后的技术与论文 *A Neural Algorithm of Artistic Style* 中的原理一致，该论文分析的就是如何迁移视觉风格。

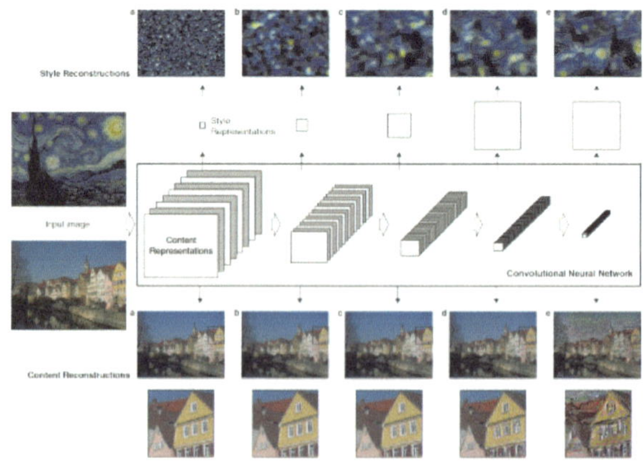

我们可以看到机器如何从梵高的画中抽象出风格然后迁移到其他照片上。观察这个图片，可以发现图片的风格从左到右是可以逐渐变化的，这说明风格表征（骨架）和内容表征（皮肉）之间的比例可以根据需求进行调整。

4　模拟用户的内隐记忆

有一个名为 eyequant 的网站可以提供“无人眼动仪”的服务，如下图所示。

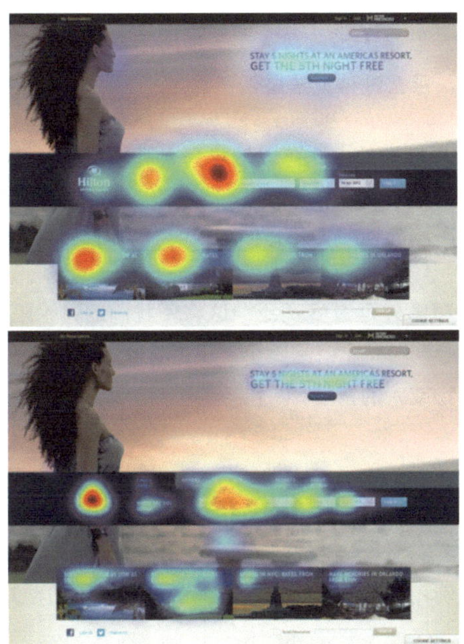

上方是真实的眼动仪追踪的结果，下方是通过数据训练得到的神经网络预测的结果，eyequant 宣传其准确率可以达到 90%。这个学习的过程就是将眼动仪捕获的人眼根据注意机制运动的数据与图片的数据输入到神经网络中，神经网络会学习到图片与眼睛运动之间的相关关系，并生成模型，反复这个过程之后将训练成熟的神经网络来预测一般图片的眼动过程。

我们知道，用户的注意过程实际上是由内隐记忆控制的，比如，古腾堡法则生效的原因，eyequant 最终模拟的就是人的内隐记忆在看到图像后对注意机制的作用（本书第 09 章）。

eyequant 可以大幅降低设计在测试用户注意方面的成本，通过人工智能技术获得一个基本的设计质量的判断。它的应用可以在两个场景中出现：①无法负担高额测试费用的中小企业；②用来快速验证设计初稿。

14.2 设计师的关键能力

通过前面的介绍相信大家都已了解，人工智能技术可以替代各种重复性的、机械性的劳动，比如识图命名与抠图，也可以完成一些看上去更为复杂的任务，比如迁移风格、学习人的内隐记忆。现在可以回答本章前面提出的第一个问题：设计师的工作与机器的工作究竟在哪一点上存在本质不同？

有一种熟悉的论调，就是人类具有人工智能所不具有的同理心，这是人类不同于人工智能的地方，那么这种说法是否正确呢？

“同理心”的概念是模糊的，这可以解释为人类情感的共情能力，也可以理解为“爱”“怜悯”“感受他人的感受”，还可以解释为人类对一类事物相同的偏好，比如我们可以感受到他人和我们一样对蓝天白云或者美丽脸庞的喜爱。

显然“同理心”的概念外延过度宽泛，这将使我们的讨论陷入过大的范围，在这里我们把“同理心”的概念范围缩小，仅将其收入“偏好”之中，这里的“偏好”是指我们对事物或人的喜爱。

1 人具有独特的自然偏好

我们对某些特定比例和形态的事物存在自然的偏好，比如婴儿脸效应。

我们对具有婴儿特征的动物都具有明显的喜好，这些动物的特征就是具有大大眼睛、小鼻子、高额头、短下巴，人类的婴儿和宠物最容易满足这样的特征。

（1）躯体比例偏好

对于男性而言，更加偏好腰臀比值在 0.67~0.80 的女性；对于女性而言，更加偏好腰臀比值在 0.85~0.95 的男性。婴儿脸效应与人们对躯体比例的偏好是天生的。

（2）黄金分割比

我们在第 02 章就详细讨论过黄金分割比的偏好来自于曝光效应。这种喜好可能是后天环境所影响的。

同理心在我们对某些事物和人的喜好上，无论是天生的还是受到环境影响，最终都以对特定比例的偏好表达了出来。

2　人的自然偏好理论上可以被人工智能模仿和学习

我们把既有的技术组合一下，看看能产生什么样的效果。图层名称识别技术与人脸识别技术是一样的，而现在的人脸识别技术非常精确，那么识别出婴儿脸也会非常容易。

我们从 eyequant 的例子中可以得知，机器学习也可以从人的眼动习惯中学习人的内隐记忆，也就是说如果经过足够的数据训练，人工智能也可以对婴儿脸产生“偏好”；既然可以对婴儿脸产生偏好，那么任何人类的可以统计的偏好都可以经过数据训练被机器学习，比如黄金分割比、腰臀比。

3　设计的关键能力是基于自然偏好的创造

经过以上分析，我们必须面对一个现实，那就是如果具有足够的数据和训练，人工智能对呈现出的视觉信息可能产生出与人类近似的偏好，也就是说，某种程度上人工智能可以通过学习获得同理心，而这种同理心显然对应着设计师一项重要的能力——“品位”。

“品位”意味着我们具有判定设计质量的能力。经过上面的分析，我们可以做出这样的推理：未来的人工智能在理论上可以具有一定的“品位”能力。那么到此是不是设计师就要被人工智能取代了呢？

还好，我们还具有另一项能力，那就是创造。设计师的能力是两个方向的，自下而上的是我们对所设计物的感知和审美，这依赖于设计师的品位；而自上而下的，我们可以根据自己的品位创造设计物，这就是基于自然偏好的模因的正迁移，也就是创造（本书第 10 章内容）。

创造的过程需要高度的抽象能力，只有这样才能进行有效的推理，同时有需要将推理结果进行具象实践的能力，显然现有人工智能的抽象结果并不是以我们的思维形式出现的，或者说还没有具备足够的推理能力，另一方面在从抽象到具象的还原能力上，现有 AI 还远没有达到人类的水平。

比如我们知道蜘蛛和蚂蚁的形态，人类可以抽象出蜘蛛的吐丝和攀爬能力，抽象出蚂蚁的群体能力矮小和的特征，于是可以将两种生物的能力与人结合，创造出《蜘蛛侠》与《蚁人》的电影角色，这就是抽象—迁移—具象的能力，是现在的人工智能技术还远未达到的。

4　与人类智能的近似程度决定了人工智能可以替代人类智能的程度

现有的人工智能技术尚且无法替代设计师，但是这并不意味着设计师可以永远高枕无忧，当人工智能的技术获得更大的发展，展现出趋近于人类的创造力之时，某些设计工作也将被人工智能所替代。当然，这种替代也会遵循从简单到复杂、从解析到综合的过程。

5　未来的设计将走向个性化

我们知道，训练人工神经网络需要数据，而人类同样需要与身边的环境信息互动，才能进行有效的学习。我们有不同的语言文字、生活习惯和文化，除了普世的规律，每个地区的每个人群都有独特的与自己文化相适的环境，这些环境就塑造出不同的“品味”和创造能力、独特的艺术和独特的设计。

训练人工智能的数据会因为特殊文化小众性而变得稀少，训练人工智能的难度就会变高。例如，人工智能技术对于语音识别的能力与语音本身的训练数据是相关的，而语音的训练数据是与使用的人群和覆盖程度是相关的，因此越是地域化的语音，越不容易成为训练数据，比如，对于英语的识别而言，锡伯语（源于满语的一种少数民族语言）的语音识别就要难得多。

这一点对设计来说依旧是成立的，因此未来的设计将走向个性化，以便更贴合每个人的需求。

14.3 语音与眼动参与交互

假设我们要完成一个基本的抠图场景，把一个人物从背景中抠出来，以前的过程是费力地通过各种“选择”“通道”工具把目标和背景区分开，遇到人群叠加时就会更加费时，涉及到人物头发边缘轮廓的反光就会更棘手。

未来完成这个过程可能只需要一句话：“计算机，把这个人从背景中抠出来。”这个过程的详细步骤是：计算机听到命令后，通过语音与语义识别理解用户抠图的需求，然后用眼动追踪分析视觉的焦点，再用图像识别将视觉焦点中的人识别出来，最后将人从背景中分离出来，并将头发边缘的反光自动消除。

在这个过程中，语音与眼睛也参与了工作。有人认为说话的声音会干扰其他人的工作过程。实际上，我们可以通过人工智能技术进行“无语音”的语音输入。

麻省理工学院的学生阿纳夫·卡普尔（Arnav Kapur）发明了 AlterEgo，一种可以不依赖声音的语音识别软件。当我们说话的时候，面部的肌肉也会随之运动，如果可以通过外部设备捕捉相关的信号，就可以作为识别语音的数据，作为语音识别的数据训练，这样人们可以只“嘎巴嘴”而无须发出实际的声音，AlterEgo 依旧可以捕捉到人们想要表达的信息。

14.4 小结

人工智能技术已经在很多设计方面产生了影响，不但可以帮助我们完成命名和抠图这种重复的劳动，甚至可以学习我们的偏好。但是，人工智能在现在以及很长一段时间内还不会替代设计师，因为我们具有人工智能所不具备的创造能力，这是我们赖以成为设计师、成为人的根本。

15

从 VR 到 5G——UI 设计的未来形态

15.1 从 VR 到 MR

技术进步不会停止，因此伴随的设计也会发生变化。

1 VR

虚拟现实（Virtual Reality，VR），从字面上看就是用遮蔽眼前世界的方式构建一个虚拟的世界。最早的 VR 电子消费设备 Virtual Boy 在 20 世纪 90 年代就已经由任天堂推出，但是由于技术障碍，如实时渲染帧数不足与晶状体聚焦造成的眩晕，只能使用红黑色，早期的任天堂 VR 惨败，甚至导致负责人横井军平的离职。

Virtual Boy

Virtual Boy 的游戏界面

在 Virtual Boy 停产近 19 年后的 2014 年，互联网新贵 Facebook 公司收购了 VR 公司 Oculus，再度点燃了人们对 VR 技术的热情。2016 年，索尼，Facebook，HTC 三家公司同时开始分别批量销售消费者版的 VR 设备，2016 年也被称业界称为“VR 元年”。

实现 VR 需要 4 个基本的硬件：

① 用来显示图像的屏幕。互联网行业和电子行业的发展促使显示屏的分辨率和色彩都更加丰富和细腻，这是实现专业 VR 和 AR 的第一步。

② 提供实时渲染的芯片。VR 为了保证良好的体验，要求每秒 90 帧以上的渲染速度，摩尔定律不但促使 CPU 变得更快，也使 GPU（Graphics Processing Unit）图形处理器的反应变得更快，这样就保证了快速的实时渲染。

③ 捕捉人的运动数据的惯性测量单元（电子陀螺仪和电子加速计等）或激光定位马达等，这可以使 VR 设备侦测到躯体和手持交互设备的运动数据，并传递给计算机主机或者游戏主机，渲染出新的画面到显示器上。

④ 改变投射影像的光学镜片（特制的凸透镜），用来将方块屏幕的成像变为更合适比例进入眼睛。

前 3 个基本硬件是智能手机所必备的，因此简易的 VR 设备只需要补充光学镜片并且可以承载手机就可以，如谷歌公司的 Cardboard，就是带有光学镜片放入手机的纸壳。因为 Cardboard 的成本低廉，到 2017 年销量已经达到了 1000 万，这对于普及 VR 设备概念有非常重要的意义。

Cardboard

Cardboard 的界面

智能手机的性能和屏幕的显示效果都较为有限，更好的体验还需要更强大的设备，专门为 VR 设计的设备由两块独立的屏幕显示图像，实时渲染通过具有高性能显卡的计算机或主机完成。相应的，各项技术指标相对手机，如刷新频率、分辨率、视角等都获得较大提升，如下图所示为 HTC Vive。

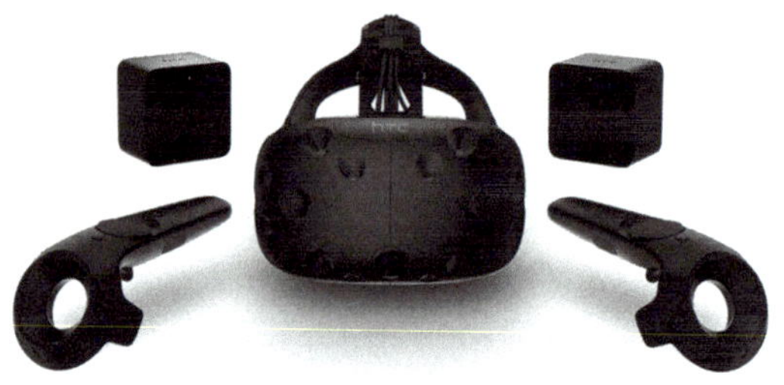

HTC Vive

2 AR

增强现实（Augmented Reality，AR），是把虚拟世界与现实世界通过技术叠加起来进行显示。VR 是遮蔽现实世界然后形成的虚拟世界，而 AR 并不遮蔽现实世界，并且要保证渲染出的虚拟世界与真实世界匹配，比如虚拟物件的位置和大小要与真实世界相对应，因此 AR 要比 VR 多出物体识别的需求。现在 AR 应用最为广泛的方式之一就是 AR 滤镜，如下图所示是 Facebook 的 AR 滤镜。

3 MR

混合现实（Mix Reality，MR），是把虚拟世界和现实世界合并起来，它的终极目标是打破虚拟世界和现实世界的界限，我们可以认为 MR 是 AR 发展的高级形态。2015 年 1 月 22 日，微软公司推出了 HoloLens，通过独立的摄像头和相应的软件技术完成物体识别，并首先使用“MR”为自己产品的技术进行说明。

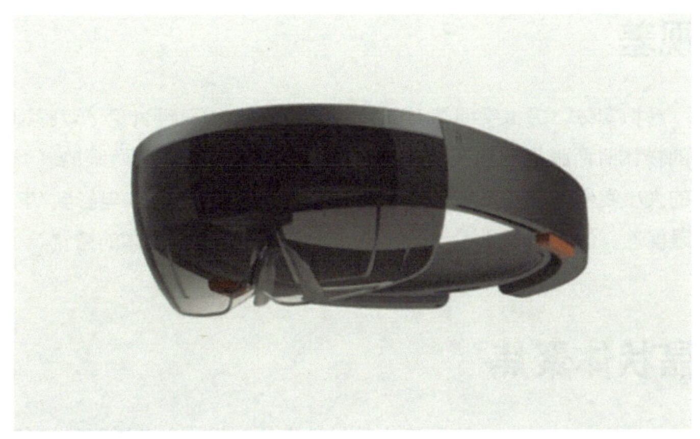

4 三者的区别与联系

首先，先通过一个表格的对比来表达三者之间的关系。

	VR	AR	MR
遮蔽现实世界	有	无	无
空间定位	有	有	有
物体识别	无	弱	强

其次，把表格通过图示的方式表现出来，如下图所示。

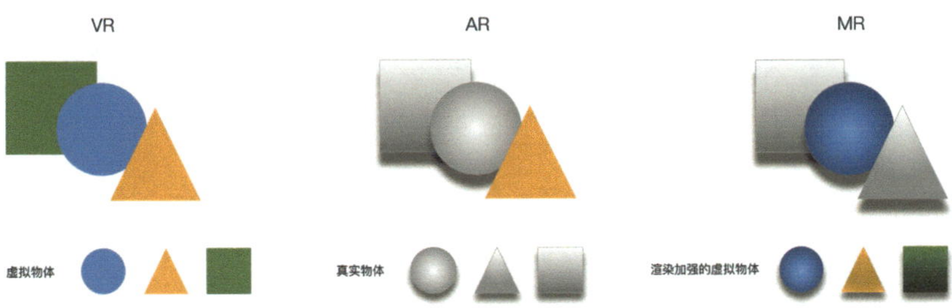

VR 与 AR 和 MR 的区别是非常明显的，VR 所有的可视界面都是渲染出来的虚拟实体。AR 与 MR 的区别在于 MR 不仅需要识别出实体，还要区分实体，并且将渲染出来的虚拟物体有机地融入实体之中。

15.2 如何实现三维效果

1 视差

在“07 虚拟实体、虚拟空间与 UI 动效设计”一章中已经讨论了双眼视差，观看近处的物体时两眼看到的东西差异大，而观看远处物体时两眼的差异小，根据差异的大小我们的视觉系统可以判断与物体的距离。从 3D 电影到 VR 都是利用了双眼视差，让双眼看到不一样的视觉信息，进而获得立体的感觉。

2 晶状体聚焦

除了视差，还有一种效应，即晶状体变焦带来的效果。为了说明晶状体变焦的作用，先回顾一下凸透镜的工作原理，如下图所示。

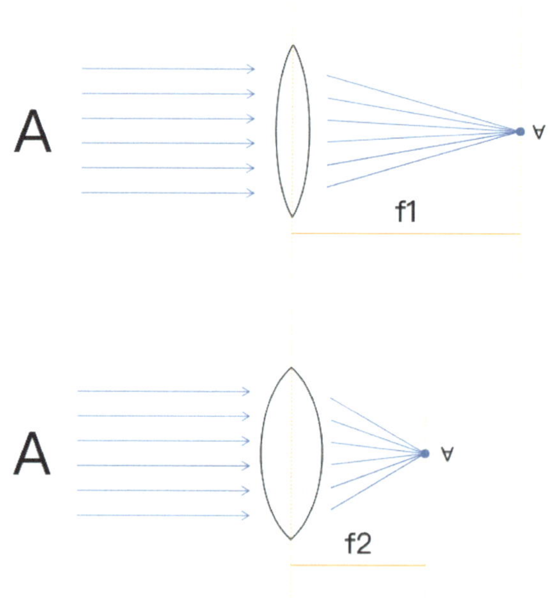

凸透镜会形成倒立的实像

凸透镜的厚度会改变焦距，厚度越厚，焦距越短。实像经过凸透镜后会形成倒立缩小的实像。再观察一下人眼的结构，如下图所示。

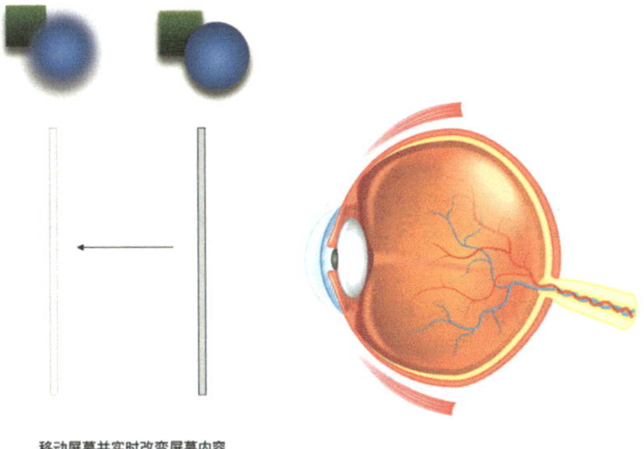

晶状体类似一个可以变焦的凸透镜

在眼睛中有一个凸透镜一样的晶状体，而晶状体并不是固定形态的，它会被晶状体周围的肌肉（睫状肌）牵引而改变厚度。当我们聚焦近处的物体时，晶状体就会变厚，焦距变短，远处的物体就会变得模糊；而当我们聚焦远处的时候，晶状体就会变薄，焦距变长，近处的物体就会变得模糊，这就是人眼自然的调焦过程。

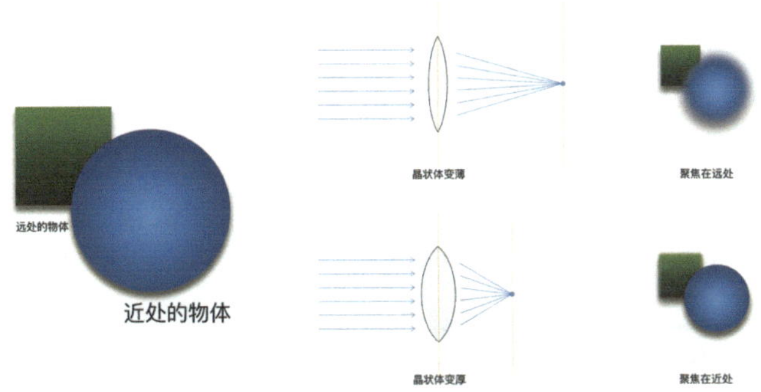

因为晶状体调焦，人眼会获得清晰与模糊不同的视觉信息

当我们处在自然环境的时候，晶状体调焦的过程是自然的，但是在虚拟世界，出现了一个关键点问题：虚拟世界不会“调焦”。现有设备渲染场景中的画面无论远近清晰程度都是一致的，当我们聚焦近处物体的时候远处的物体没有变得更模糊，而本该变得清晰的近处物体却没有变得更清晰，于是大脑得到的反馈是“我聚焦近处的程度还不够”，于是再度加强聚焦近处的效果；反之，如果我们聚焦远处的物体，本该变得模糊的近处物体没有变得更模糊，而远处的物体也没有变得更清晰，于是大脑得到的反馈是“我聚焦远处的程度还不够”，再次加强聚焦远处的效果，反反复复之后大脑出现了自我矛盾，这就是 VR 设备引起了视觉辐辏调节冲突（vergence-accommodation conflict）的现象。

现在市面上所有的 VR 设备在佩戴半小时之后都会造成眩晕，这是 VR 设备没有大规模普及的一个重要原因。

3 解决晶状体聚焦变化带来的眩晕

想要模拟出以假乱真的虚拟世界和虚拟物体，就必须解决辐辏调节冲突，既有的解决方案之中有两种方式。

第一种方式，实时追踪晶状体的变化，然后调整虚拟屏幕与眼睛的距离，再调整屏幕上显示信息的清晰或者模糊。

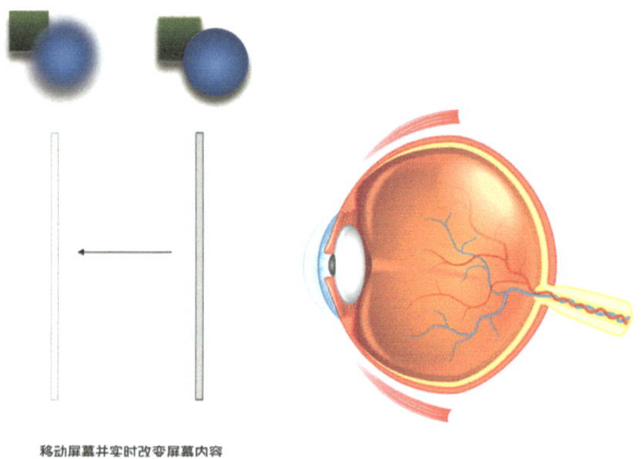

移动屏幕并实时改变屏幕内容

Facebook 公司研发团队的 Half Dome 原型机就采用了类似的技术方式。

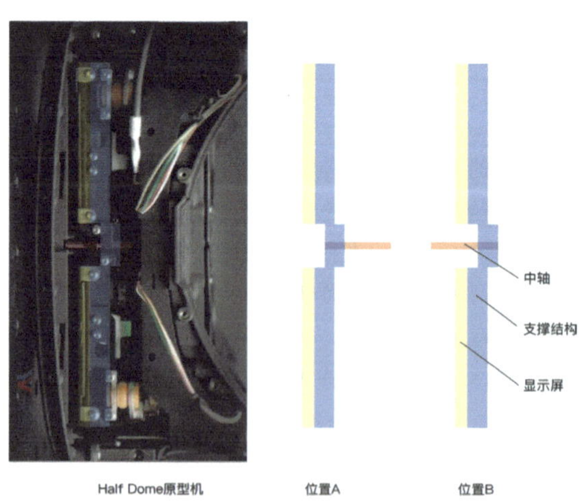

Half Dome 原型机的屏幕会沿着中轴运动

第二种方式，叠加几层透明的屏幕，每一层屏幕显示出相应焦距的信息，这样在视觉调焦的时候视觉就可以获得了相应的效果。

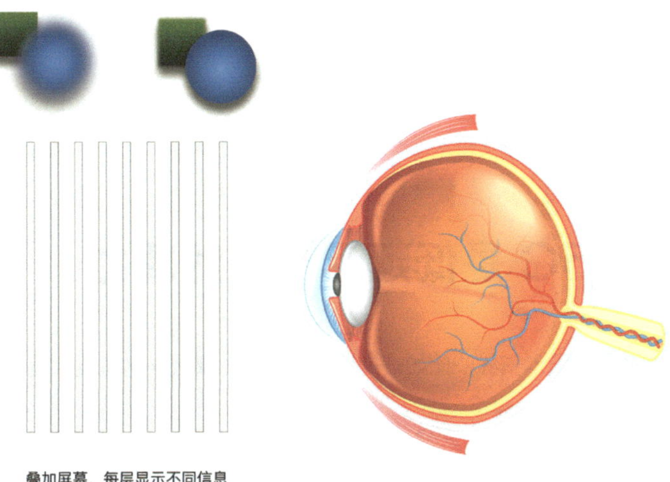

叠加屏幕，每层显示不同信息

Magic Leap 公司为了解决这个问题的技术就才用了这个原理，为此他们在美国专利局申请了专利“多层衍射目镜”（*multi-layer diffractive eyepiece*）。

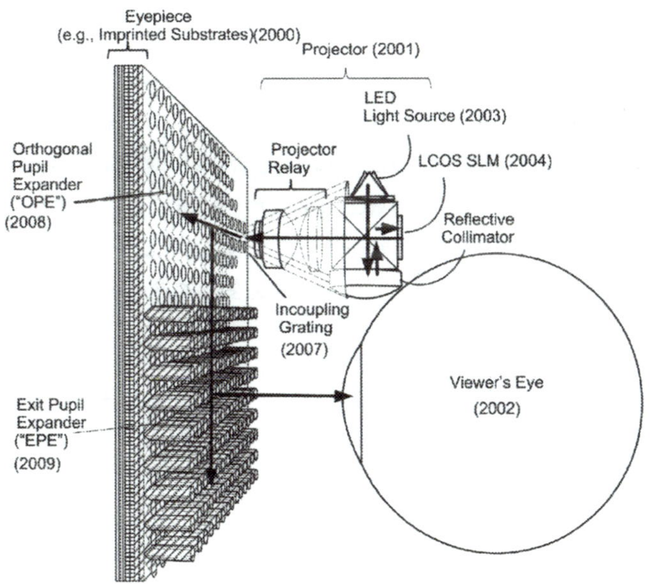

“多层衍射目镜”截图说明 Magic Leap 的多层效果依赖于多层屏幕的叠加

这两种方式无疑都超出了现有技术的实现能力。第一种方式依赖于高效的机械马达改变屏幕与眼睛的距离，以及精确追踪变焦过程的算法整合屏幕的显示信息；第二种依赖于强大的算力，以渲染出不同屏幕的显示信息，并且要改变现有显示屏的厚度，以达到叠加的效果。

15.3 5G 是低延迟带来的算力

5G 有一些关键的技术指标，比如低延迟和大带宽，那么，这些技术指标会对世界产生什么影响？

1 低延迟的云计算才有意义

5G 的第一个关键特征是低延迟。我们知道，从手机发送一个信号到网络，再从网络传回的过程是有一定延迟的。4G 时代的延迟在几十毫秒的级别，而 5G 时代则直接变为毫秒级。

网络中游戏之间的互动需要低延迟，人们都不希望自己扮演的人物明明看到了敌人，而射出的子弹却打在了敌人离开后的影子上。高于 100 毫秒（1/100 秒）的延迟就会明显被人明显察觉，4G 时代的延迟只能保证游戏中基本的位置数据，运动数据等在网络中同步，而游戏本身的画质需要手机自己的硬件的支持，这也是很多高端手机的卖点，比如处理速度更快的芯片和更大的内存。5G 时代使几十毫秒到一百毫秒的延迟降为毫秒级，那么多出的这点看似极为有限的时间可以做什么呢？

英伟达（Nivdia）是一家生产计算机硬件的公司，他们的主打产品是 GPU 显卡（专业显卡与民用显卡），因此该公司具有最好的图形处理技术的储备以及相应的硬件条件（最好的专业显卡）。基于自身的优势，英伟达在网络上提供了云游戏服务。

云游戏服务就是用英伟达自己的显卡对游戏进行渲染，然后通过网络将渲染出的画面传回用户的显示屏。

受物理尺寸限制，小的设备很难达到大设备的性能，所以手机的性能低于笔记本，而笔记本的性能低于家用台式机，家用台式机远低于大型的商用服务器。对于渲染一般的游戏而言，家用台式机的高端显卡往往可以胜任，而且自带显卡的家用台式机可以作为其他形式工具的存在，比如看高清电影、进行图像设计和视频编辑，因此英伟达的云游戏相对于大卖的显卡而言显得不温不火。

但是云游戏的概念对于移动网络的意义则完全不同，假如 5G 可以磨平延迟，省下来的一百毫秒就可以用来进行画面的渲染，那么手机孱弱的性能就可以通过网络的获得补充，甚至可以假设手机可以获得比家用台式机更好的渲染效果。

低延迟的云计算的意义远不止在提高游戏的渲染效果上，对于自动驾驶和 MR 设备而言，5G 的意义更重大。

自动驾驶的关键之一就是低延迟，只有足够低的延迟，使得设备间的通信时间缩短，才能给自动驾驶系统预留出反应时间和空间。

MR 设备为了解决辐辏调节冲突需要强大的算力，比如 Magic Leap 的技术方案，如果完全依赖本地设备，那么 MR 设备就只能局限在室内使用，而 5G 时代就可以通过云计算解决这个问题，使 MR 设备走出室外。

2 网络从需求带宽与流量向需求算力演化

原有的无线网络演化都是从带宽和流量两个方面来计算的，比如更大的带宽、更多的流量，但是 5G 时代云计算的出现提供了一个全新的维度——计算机的云算力。

我们可以假设：根据购买手机游戏的渲染服务根据服务的质量，更好的、更逼真的渲染可以更贵，进而形成不同的价格，这样电信公司或者相关行业的公司之间会因此产生出新的维度的竞争。

15.4 未来的 UI 设计依旧遵循的认知规律

User Interface 缩写为 UI，其中“face”代表界面，指二维的屏幕。如果我们面前显示的不再是一个没有视差的屏幕，而是虚拟的或者虚拟与真实世界融合的三维世界，我们操控的不仅仅是界面中虚拟的 button，而是三维的控件，那么“Interface”中的“face”就要被“cube”取代，User Interface Design 就可以变为更广义的 User Intercube Design，可以称之为“界体设计”。

这种设计方式不光代表使用的工具界面是三维的，也意味着设计过程是在三维环境下进行的。

那么，有什么理论可以指导这种设计呢？

1　遵循物体识别理论

在“06　图形的意义与物体识别”一章中已经介绍了视角依赖参照框架和视角不变参照框架，为了确保识别与记忆的高效，对于三维物体，大脑一般保留了正视图这样的极限值，以及常规角度透视图这样的常用值。因此，反过来设计三维物体的时候，就可以从正视图和常用角度的透视图进行设计。

这一理论在“界体设计”中依旧是有效且成立的，因此原有的 UI 设计师可以不必惊慌，对于图形的应用本质上在三维世界和二维世界并无区别。

2　遵循信息认知的平衡定律

在“12　从拟物到扁平——信息认知的平衡定律”一章中已经说明了视觉内容信息与形式信息之间的关系，当视觉内容信息不足时形式信息会被强化，而当视觉内容信息丰富的时形式信息就要被简化。我们可以把未来的设计大体上分为两个场景，一个是工具化的设计场景，我们设计的目标是作为生产力的工具软件或者服务；一个是情景化的场景，比如游戏或者娱乐的软件或服务，我们分开讨论。

（1）工具化的场景

在已经上市的 VR 应用中，有一款名为 Tilt Brush 的工具，它是一款谷歌开发的创意工具，被称为 VR 版的 PS，使用者可以在虚拟的三维空间中进行三维的艺术创意。如下图所示是其官网的制作效果图。

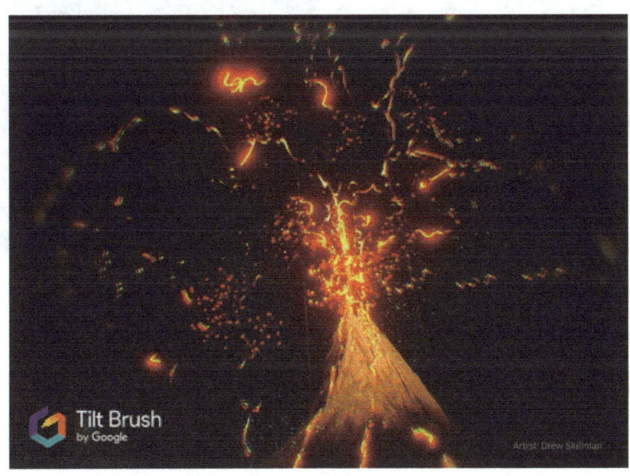

Tilt Brush 的笔刷极为丰富，效果绚丽多彩，与之对应的是操作“界体”极度简洁，也就是说作为工具出现的 UI 依旧是需要被简化的对象。

无独有偶，微软公司 HoloLens 的各种工具应用也是如此，被设计和展示的内容是具象的、丰富的，而操控界面与扁平化的设计效果一致。

显然，对于工具化的场景工具而言，简化规律在产生作用，界面在不需要的情况下甚至是二维的。

（2）情景化的场景

游戏类应用大多是沉浸型应用，因此与游戏内容相关的操作“界体”就需要追求与虚拟环境相一致的体验。如下图所示为游戏应用 The Lab 中的各种游戏装置。

抛射炮弹的大型弹弓

两个手柄分别模拟弓与箭

在情景化的场景中，工具的设计和场景本身的设计是一体的，因此成为视觉内容的一部分，所以对这部分的设计是追求信息与场景的匹配，当场景高度仿真的时候，设计效果偏向于丰富和绚丽。

15.5 小结

第一次工业革命后出现了批量生产的工业产品，于是催生了为批量产品进行设计的工业设计师；在第二次工业革命的过程中产生了化学革命，由此带来了苯胺染料，促使现代印刷业出现，于是有了进行平面设计的平面设计师；第三次工业革命也被称为信息革命，为出现的虚拟界面带来了 UI 设计师和交互设计师。

技术进步带来新的工作需求和工作方式，那么未来的人工智能、MR、5G 技术也会带来新的工作需求，进而改变人们的工作方式。

MR 和 5G 技术会促使从三维转向二维的 UI 设计，再从二维转回三维世界，并极有可能促使交互设计与工业设计融合，因为二者的工作对象都是三维虚拟界面，不同的是交互设计的设计结果是虚拟事物，而工业设计是需要实体化或部分实体化的事物。视觉设计师可能会拥有更为广阔的创作自由，在 AI 技术的支持下，视觉设计师在三维虚拟界面场景内对视觉画面的呈现将极其丰富，将远远超过以往所有技术的可能。

认知世界与自我

一方面，我们如何认知世界，就会如何设计世界；另一方面，“不识庐山真面目，只缘身在此山中”，很多人并不真的清楚自己是如何认知这个世界的，于是把熟知的形式当成认知的结果。

当把熟知的形式应用成认知的结果时会产生以下两种结果：

第一种结果是好的，形式与结果并无矛盾，照葫芦画瓢即可，比如古代建筑的“样式”继承，在一个长时间的文化环境中匠人的设计毫无不妥。

第二种结果是坏的，熟知的形式发生了改变，而人的认知结果并未改变，比如近百年的世界提供给设计的形式千变万化，但是中国人在精神里对世界的认知并未改变，这时候某些设计就会生成一种难以名状的违和感，比如在这种转变中出现的“中国元素”。

16.1 “中国元素”不代表中国设计

做一个简单的假设，一个欧洲设计师是否会从哥特时期、罗马时期、希腊时期抽象出一种形式叫“欧洲元素”？如果有所谓“中国元素”，那么也可以有“法国元素”“德国元素”“意大利元素”“日本元素”“美国元素”，显然这些都不存在。

当代的西方设计师的设计理念是现代的，起码是脱离了过去时代形式的束缚，所以不需要某种“元素”来代指某种设计风格，不需要“某某元素”代表某个国家，中国设计当然也不只需要祥云、中国结、太极阴阳鱼。

当我们要以一种具象的方式回忆或思考某个抽象概念的时候，具象形态就会替代抽象和思考的结果。我们身边熟知的东西发生了变化，传统中国设计中的木头消失了，变成了现在熟知的塑料、混凝土、金属，那么回过头去找“元素”本身，就是拿着自己已经不再熟知的形式套用一个认知的结果，违和是必然结果。

这其中的“和”就是无论形式发生何种变化都符合认知的结果。即使我们使用的材料与传统的木材完全不一致，我们依旧可以用最新的材料和技术传递我们对这个世界独特的认知，这样的设计才是真正的中国设计。

16.2 从建筑与园林反观我们对世界的认知

思考东西方设计思想的差异，最好的切入点并非某个具体的器物。因为同样的形式简洁，我们会用明式桌椅与北欧桌椅对比，但只停留在此会让我们陷入细节之中，而无法获得更深的意义。明式家具与北欧的现代主义家具都是漫长时间进程中的一段，并不能足够说明形成两种设计的深层原因。

那么，如果需要通过对比反映形成设计的认知过程，应该是跨越一段个历史时期的设计形式，同时要有足够的体量，这样才能展现人们对世界理解方式的极致。建筑与园林的风格变化，明显符合这样的标准。

东西方建筑的建筑遗迹和实物千千万万，介绍东西方建筑的书籍浩如烟海，所以在本书中不可能也没有能力去详细地论述建筑，笔者尝试抽取人们心中不同历史时期对建筑一些关键的“印象”，然后把这些零散的“印象”串联起来，或对比、或化为疑问，通过这些对比和疑问及其引起的思考，看看能得出什么样的结论与有趣的反应。

1　千年不变的卯榫

通过下面两张图的对比，就可以发现中国传统建筑的继承性，这两幅图源自梁思成所著《中国建筑史》，第一幅是中国历代木构殿堂外观演变图。

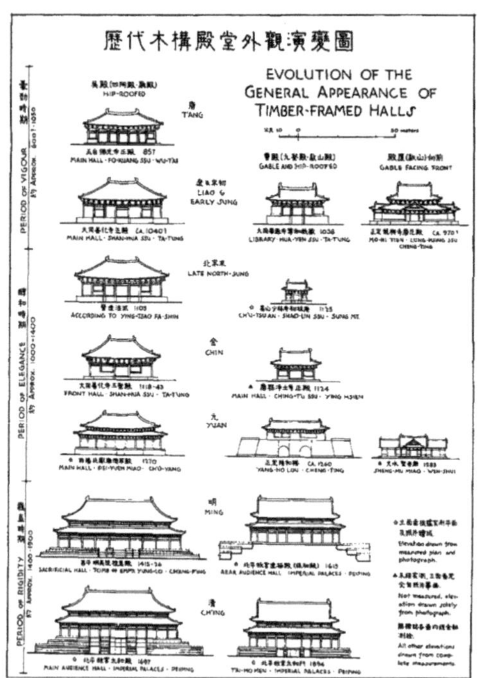

第二幅是历代斗拱演变图。

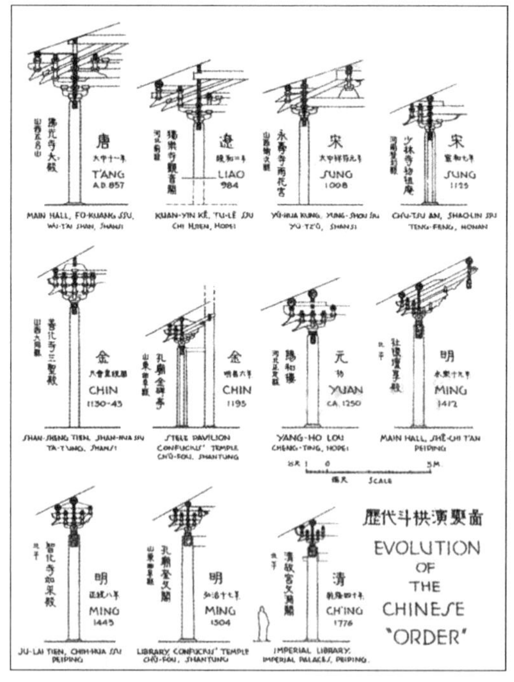

可以直观地说，就像在各种古装电视剧中一样，不同朝代的戏服一直在发生变化，但是作为背景的建筑，从《贞观之治》的唐朝到《雍正王朝》的清朝，近一千年的时间，中国的建筑都没有发生剧烈的风格改变，而且建筑形式的统一是也跨越地域的，中国南北建筑的差异要远小于欧洲各个国家的差异。

2 频繁变化的石头

再回顾一下西方的石头，如果按照从唐到清的时间对比，西欧所处的建筑与园林设计时期大致是中世纪、文艺复兴、古典主义 3 个时间段，我们看看西欧建筑给人的印象是什么。

（1）大教堂

在罗马帝国分崩离析之后，一千年内对西欧影响最为强大的并非王权，而是神权，罗马教会成为西欧最大的政治力量，西欧也进入了中世纪。欧洲建筑进入了以宗教建筑为核心的时期，基督教建筑也因此成为了建筑体系的核心。基督教建筑实际上有修道院和教堂两种，修道院是专门给修士和修女使用的宗教建筑，而教堂则更多地为普通人民使用。一个中世纪的欧洲人婚丧嫁娶的所有仪式都需要在教堂中完成，因此人们对于教堂的建筑热情也要大于修道院。中世纪的教堂有两个风格：罗曼和哥特。罗曼式教堂是中世纪的早期风格，哥特式教堂是罗曼教堂在 12 世纪至 15 世纪的发展后的形式。哥特式教堂给人的直观印象就是高耸的塔尖，比如下图所示的科隆主教堂高达 48 米，相当于 16 层楼高，这样的大教堂是我们对欧洲中世纪建筑最为基本和直观的印象。

（2）“不一样”的大教堂

西欧的天主教堂分为 3 个部分：大厅、侧廊、圣坛，天主教又规定圣坛朝向东边的耶路撒冷，所以西欧的教堂入口都是在西边。

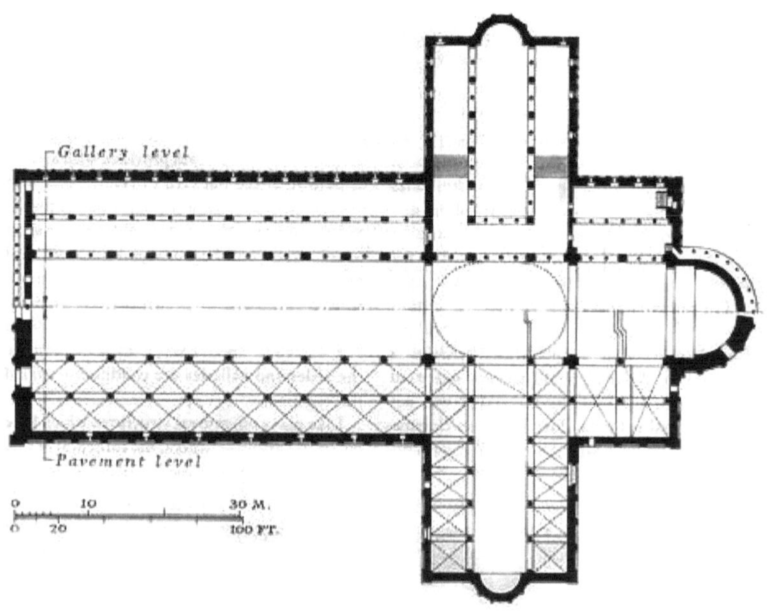

这种形式被称为拉丁十字，哥特教堂尖尖的塔尖就在西边入口上方的塔楼上。拉丁十字的形成并非偶然，而是根据宗教仪式的需求形成的。圣坛是宗教仪式的核心，两边的侧廊是 6 个神职人员和唱诗班，大厅留给来教堂参加仪式的信徒，同时教堂的平面结构类似于十字架，具有浓厚的宗教仪式感，哥特式教堂即如此。

进入文艺复兴后，在意大利出现了“不一样”的大教堂，比如佛罗伦萨主教堂（花之圣母大教堂）和圣彼得大教堂。从外面看，这两个教堂没有采用哥特式教堂的尖顶，而是采用圆顶。那么，为什么文艺复兴会出现圆顶而不是尖顶的教堂呢？历史上，意大利在文艺复兴时期并不是统一的，而是分裂成彼此独立的小国，或者说政体，而在建筑佛罗伦萨教堂初期，佛罗伦萨就是共和政体，并不是国王或者教会管辖的，因此主教堂的建筑应该赞美“佛罗伦萨人民以及共和国的荣誉”。为了区别于之前的哥特式教堂，建筑师在设计圣坛时建成了类似罗马万神殿的圆顶。

佛罗伦萨大教堂

建筑师采用圆顶的原因是“追求理想的、普遍性的美，是意大利文艺复兴时期进步的美学思想的一个基本特点”（《外国建筑师》，陈志华著）。也就是说，在设计教堂的时候，建筑师首先考虑的并非宗教仪式的需求，而是形式美。显然，这种设计把教会的需求放在了第二位，必然招致教会的反对。遵从设计师的意愿还是遵从教会的规定，实际上是世俗权利与神权的斗争，圣彼得大教堂的建筑过程就是这场斗争的焦点。

与佛罗伦萨大教堂的顺利完成相比，处在天主教圣地梵蒂冈的圣彼得大教堂的建筑过程可谓一波三折。伯特孟特是第一个方案设计者，他采用了希腊十字——一种不同于拉丁十字的设计方式。在支持伯特孟特的教皇去世后，新的教皇利奥十世任命了拉斐尔继续设计教堂，并坚持使用拉丁十字，拉斐尔重新设计了教堂，保留了已经开工的部分。在建筑过程中，恰逢德国宗教改革运动和西班牙军队的占领，教堂一度停工。在这之后，小桑迦洛接手，工程进展不大。下一个接手设计的是米开朗基罗，米开朗基罗竭力恢复伯特孟特的方案，他要来了佛罗伦萨主教堂的详细资料进行研究，而在其逝世后教堂并未完成，接手的设计师继续他的工作，完成了教堂的设计。如果按照米开朗基罗的设计完成教堂作为故事的结尾，那就是曲折的喜剧，但是事情并没有结束。17 世纪初，教会一改对米开朗基罗的肯定，强令设计师将希腊十字改成了拉丁十字，并最终形成我们现在看到的样子。

圣彼得大教堂

在圣彼得大教堂的建筑过程中，“文艺复兴三杰”中的“两杰”参与了这个教堂的设计，并出现了思想上的对立。针对设计方案，不同的力量之间进行了往复的修改和争夺。

（3）法国皇宫

17 世纪，文艺复兴运动之后，法国成为西欧第一个中央集权的国家，由新兴资产阶级支持的王权超越神权，成为法兰西的政治主导力量。除了教堂，我们对欧洲印象最多的就是皇宫，比如凡尔赛宫。

凡尔赛宫

将这 3 段记忆中的“印象”拼合到一起就是西欧建筑从中世纪，经过文艺复兴，走向古典主义的过程，可以明确地感受到 3 个时期的建筑主题不同（宗教和世俗），建筑风格迥异（拉丁十字与集中式），建筑主体也从神权建筑过渡到王权建筑。

3　中国园林的“借景”

“房屋是房屋，园林是园林。没有园林的只能算房屋，没有房屋的只能算是荒野。房屋加上园林才是完整的建筑。故此，较小型的房屋附设庭院，大型的园林附设房屋。”（《不只中国木建筑》，赵广超，161 页）。

当建筑处在大的景致之中时，以园林为主、建筑为辅，例如皇家园林；反之，如果是在市井之中，以建筑为主、园艺为辅，例如庭院中的盆景和树木。建筑与园林的整体关系是统一的。从这个统一的关系出发，具体到手法和形式，“借景”最能反映中国园林的设计思想，如下图所示是拙政园使用的“借景”方式中的一种——“框景”。

顾名思义，“框”就是用土木的方式形成一个“画框”，限定视线内的景色，利用透视和景深形成一种特殊的形态，借景需要设计师在设计之初就思考特定视角与周遭环境的关系。在中国的传统艺术手法中，古诗有极多类似的妙处，例如，“姑苏城外寒山寺，夜半钟声到客船”，这与“借景”的意境相同，都是将环境和人的视角融为一体，通过观者与景致主客体之间的联系，传递艺术或设计的效果。

4 “菜畦”与“荒野”

法国凡尔赛宫的巴洛克园林是根据法国盛行的理性主义思想所设计的，极为规整的几何形态甚至被人称为“菜畦”。

与之相对，浪漫主义园林依据经验主义进行设计，强调“艺术应当模仿自然”，强调不干预的原则，但是浪漫主义园林的细节和局部显得粗鄙和简陋，近似“荒野”。

圣詹姆斯公园中的树木似乎从未进行过修剪

欧洲人在园林设计上似乎从一个极端走到了另一个极端。

16.3 如何认知世界就会如何设计世界

1 世界与自我认知统一的中国

中国古代建筑在历代的形制上并无根本性的变化，园林设计的思想也是竭力将园林与周围的环境融为一体，这些就是传统匠人对世界与自我认知统一的表现。建筑设计、园林设计本身在中国传统文化中其实是一个不够完美的说法，二者分开本身就是依托于园林与建筑的分离，而在中国古代传统的建筑中，园林设计与建筑设计是一体的。

先说人与神的关系。自秦汉到明清，统治阶级是你方唱罢我登场，而园林与建筑作为对世界认识的根本表现却并未改变，始终未曾发生欧洲建筑那么多风格迥异的变化。引用赵广超在《不只中国木建筑》中的说法："在中国，'人'与'神'所居住的地方，在本质上根本就没有区别，佛寺的'寺'，沿于官方的行政机构，道观的'观'，则带着瞭望的意思。"富人可以把空出的宅邸捐给寺庙和道观，人居住的地方就变成了供奉神明的地方。

再说人与天地的关系。将身体血脉比喻为山水，不只停留在盘古开天的传说中，《黄帝宅经》有曰："宅以形势为身体，以泉水为血脉，以土地为皮肉，以草木为毛发，以舍屋为衣服，以门户为冠带。"《水龙经·水法篇》有云："夫石为山之骨，土为山之肉，水为山之血脉，草木为山之皮毛，皆血脉之贯通也。"

在对世界的认知上，中国人历来认为人、神、天地三者之间并未存在绝对的界限，彼此可以根据修炼与德行的程度相互转化，所以只有在中国小说中，才有想入凡间的神瑛侍者贾宝玉，才有出灵石而变的齐天大圣孙悟空。

石头都能变成神仙，人当然更可以成仙，这才是中国传统文化迥异于西方文化的根本。

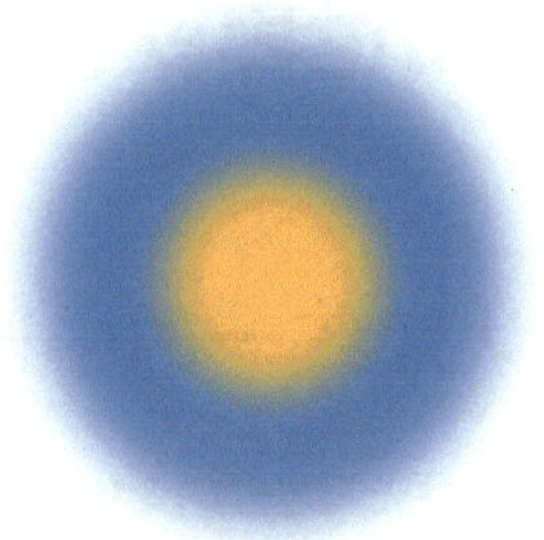

中国人的自我与世界

在人与人的认知上，“我”的边界依旧不明显，“我”是以家族的形式存在的。在古代，祭祖是中国传统文化的一个特殊现象，祭祖者相信祖先会保佑后代子孙，祖先的神灵不灭——孝在中国的道德律中长期扮演重要的角色。时至今日，父母也多将子女看为自己的一种延续，理所当然地具有对“我的一部分”的各种天然的权利，以及其相应的各种义务。

中国人的自我与他人

2　世界与自我认知分离的西方

我们如何认识这个世界？答案是通过感觉这个世界和思考这个世界。有的西方人认为只有感觉和直接经验才能理解这个世界，这就是经验主义的认识论；与之相对，另一些西方人则认为只有通过理性的思考才能靠近世界的本质，这是理性主义的认识论。

从西方文化的角度理解“认知世界”的提法，前提是“自我”独立于这个世界的存在感，“认知世界”与“认知自我”是两个独立的问题。而当我们还在延续盘古开天辟地、女娲造人的传说时，已经在认识这个世界的时候便把自己和世界看成一体，因此问题就变成了“认知自我”，就可以“认知世界”。

我们发现，巴洛克园林是完全规整的几何形状，而浪漫主义园林却和荒野相差不多，就源于这两种截然不同的认识论。以培根和洛克为代表的经验主义美学认为，美是一种感性经验，排斥人造之物，强调保持自然的状态，“自然讨厌直线”，追求“天然般的景色”，于是走向极端的浪漫主义园林设计几乎对植物的生长不加干预。而以笛卡儿为代表的理性主义美学认为，美体现在几何学上，于是矮灌木又被园丁修建得过度整齐。

对于人与神的关系，在西方的基督教文化中，人与世界都是由上帝创造的，人绝不可能成为唯一的神，即使是更早的信仰多神教的罗马文化，凡人也不能成为宙斯、阿波罗一样的神。在神权极度扩张的中世纪，神权的教堂无不采用高耸的穹顶，以示神权的神圣和伟大。进入古典主义时期，王权压制神权彰显力量，王权的城堡则尽可能的奢华、舒适，以示权力的尊贵。

再说人与天地的关系。如圣经所言：“我们要照着我们的形象，按照我们的样式造人，使他们管理海里的鱼、空中的鸟、地上的牲畜，并地上所爬的一切昆虫。”《圣经》隐含的意义是世界与人均由神创，但二者的关系则为神指定人作为世界的管理者，因此建筑也好，园林也罢，不会与环境产生一体的联系，建筑与园林也是彼此独立的。

这才有了反映古代西方影视剧中的特殊镜头，衣着华丽的人们穿梭在内部装饰繁复的巴洛克建筑内，出门却一脚步入或如田埂一般的法国园林，或如荒野一般的英国园林。

西方人的自我与世界

最后，在人与人的关系上，西方强调的是独立，父母与子女可以直呼名字，父母对年满 18 周岁的子女没有绝对的义务，成年子女对父母也没有赡养父母的绝对义务。

西方人的自我与他人

16.4 中国 APP 的功能特点

前面通过建筑与园林的设计差异，简单地总结了西方人和中国人在认知上的差异，我们如何认识世界，又如何认识自我，最终都会反映在我们的思想和我们的行动上，那么，东西方的认知差异在现在又会以什么形式通过 UI 设计展示出来呢？

中国与西方的 APP 在功能设计上有两个较为明显的差异，可以联系上文的结论分析这些差异产生的原因。

1 无处不在的社交因素

东西方 UI 设计的第一个差异就是中国的软件中无处不在的社交元素，比如音乐、新闻、支付软件、企业的用户社区。

（1）音乐软件

以 2017 年 7 月 17 日，APP Store 中、美音乐免费排行榜首位的两个 APP 为例进行对比，中国的榜首为网易云音乐，美国的榜首为 Spotify。网易云音乐的社交特点表现在具有活跃的评论区，在播放器中具有显示评论数量的评论区入口，同时具有单独的 Tab Bar 功能朋友。

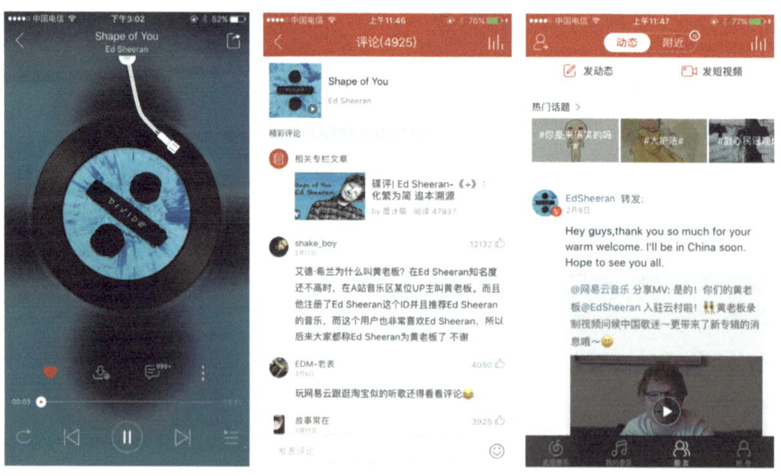

Spotify 依旧为纯粹的音乐软件，所有 Tab Bar 都直接与音乐播放相关，没有评

论区及入口，与社交相关的仅有分享功能。

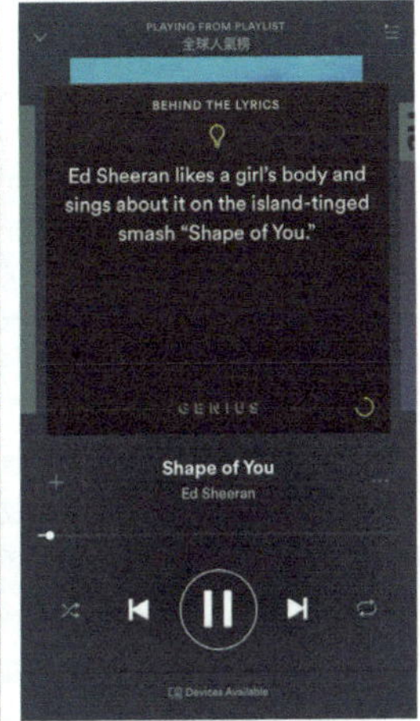

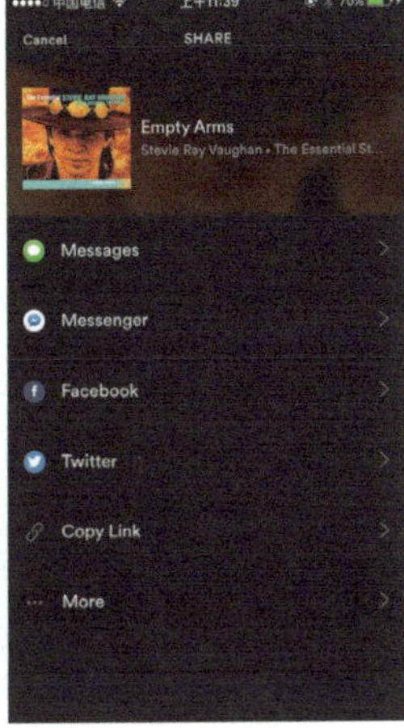

（2）支付软件

对比支付宝与 PayPal，可以发现支付宝与网易云音乐类似，都具有单独的 Tab bar 功能——朋友，显示出设计者对社交功能的在意。

相比之下，PayPal 则极为简练，仅保留与支付相关的功能。

（3）今日头条与 Fox News

中国的大多数新闻软件都具有评论功能，如今日头条的评论区。

蓝天k146714098 227

变革永远在路上，人民群众是历史发展的推动者，伟人说的好：人民万岁！

2小时前 · 回复

我的世界你怎么能懂 349

不忘初心，为人民服务！

4小时前 · 回复

汾煌已醉 231

中国加油！祖国万岁！

4小时前 · 回复

飞行之云 112

这声音，气势好听。

4小时前 · 回复

写评论... 176

如右图所示为网易的新闻评论区。

●●●●○ 中国电信 下午3:22 65%

热门跟贴

潜意识活跃 110

广东省深圳市 iPhone 6s Plus 3小时前

中国正致力通过改革，向世人展示自己的决心：去除战争、去除疾病、去除腐败、去除仇恨。

m185****4188 174

广东省广州市番禺区 iPhone 6 4小时前

动作要快、力度要大、落实要到位

youyou3164 75

山东省青岛市 163.com 4小时前

支持将改革进行到底，还要把深化改革进行到底！

a呆678 62

山东省青岛市 163.com 4小时前

值得期待。

有态度网友06SjR5 71

福建省 OPPO手机 4小时前

写跟贴

而美国的 Fox News 则没有评论功能，仍旧是以新闻为主要内容源。

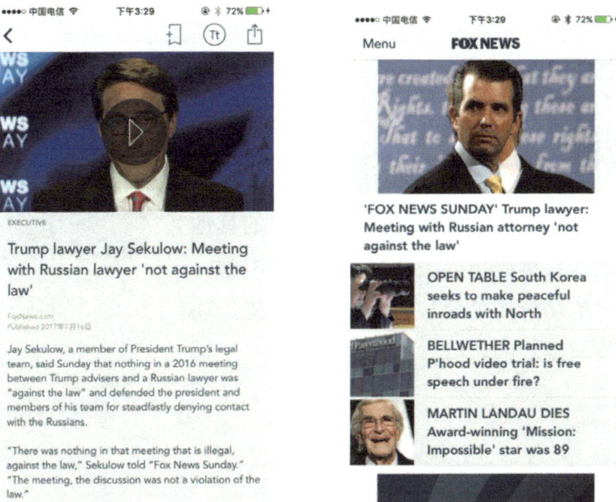

（4）小米社区

中国本土企业小米公司的特点之一就是小米社区的存在，依赖社交方式推广产品。

社交元素广泛存在于中国本土的各种软件之中，出现这种现象的原因是中国人的“自我”需要与他人产生广泛的联系与互动．“自我”的边界是模糊的，将他人的评价作为“自我”评判事物的重要参照。对于西方人而言，独立的工具软件仅是完成“自我”需求的工具，对于“自我”的评价更依赖于“自我”本身，而不是他人，那么音乐的品位和各种喜好在纯粹的个人领域，并不需要他人的评论。

2 超级 APP

中国本土 APP 的另一特征是大众性的软件都具有庞杂的功能，比如微信和支付宝。

（1）微信

作为 IM 软件的起始，微信承载了越来越多的其他功能，简单的如二维码扫描，社交功能如朋友圈，用户生成内容的功能如公众号的编辑发布、支付功能，以及购物与游戏的入口、小程序等。

（2）支付宝

支付宝不止作为一个支付工具存在，还有金融与理财功能，也提供了与微信类似的各种各样的入口与功能。

超级 APP 就像房屋与园林的关系，房屋与园林是统一的，在一个手机内对服务的需求也是可以统一的，将各种功能集成在一起并无不妥。对于西方人而言，手机内的各种服务是独立的，需要手机的主人来掌控和使用，因此根本没有整合需求的意识。

16.5 小结

从建筑园林入手，可以发现东西方存在明显差异。解释这种差异，让我们意识到形成建筑与园林差异的原因是东西方在自我认知上的不同。

中国人的自我认知是宽泛的、模糊的，而西方人的自我认知则是狭窄的、清晰的，并且这种认知上的差异不仅表现在建筑与园林上，也体现在了产品功能和 UI 设计上。

进一步解释东西方形成自我认知差异的原因已经超过了本书的讨论范围，但是以上结论已经足够解释清楚，自我认知的定位和边界会如何影响人们对产品的需求和理解，并提醒我们在进行设计时要考虑不同人群内心深处的自我认知，以及形成这种认知的文化习惯。

附录 A　引用的学说、理论与实验

01　认知是 UI 设计的本源问题

勒温“需求—紧张”假说

02　黄金分割与曝光效应

斐波那契数列

曝光效应

模度

03　整齐、简化与栅格系统

阿恩海姆回忆图形实验

栅格系统

《视知觉与艺术》婴儿识别盒子实验

比德尔曼（Irving Biederman）的成分识别理论（recognition-by-components）

金伯利 · 伊拉姆（Kimberly Elam）“虚空间”

04　邻近原则与赫布定律

格式塔邻近原则

库里肖夫效应

格式塔心理学的“场”

神经元学说

赫布定律

赫布集合

格式塔闭合原则

格式塔共同命运原则

05 如何合理地使用色彩

绘画三原色

视觉三原色

不同感光细胞对不同波长可见光吸收率

不同感光细胞对不同波长可见光敏感度

视网膜结构

动物演化过程对色彩感知的影响

色彩拮抗理论

负后像效应

色彩恒常性

韦伯定律

06 图形的意义与物体识别

光线在眼睛中传递刺激的过程

感受野工作原理

神经节细胞工作原理

视角依赖的参照框架

视角不变的参照框架

07 虚拟实体设计、虚拟空间设计与 UI 动效设计

非图形深度线索——视差

图形深度线索

08 如何在 UI 中引导注意力——自下而上

选择注意模型

反射性注意

有意注意

注意

意识

感光细胞连接神经节细胞的工作原理

上丘投射

斯特普鲁效应

第九章

古腾堡定律

无意识设计

学习

记忆

内隐记忆

外显记忆

知觉启动

面孔识别的特异化

执行注意控制系统的模型

10　创造是模因的正迁移

知识表征假说

表征的双重编码理论

表征的命题理论

心理旋转

模因假说

迁移

13　人工智能与 UI 设计——智能的本质

突触可塑性

髓鞘的增厚

细胞凋亡

视觉通路

卷积核工作原理

侧向抑制

15　从 VR 到 5G——UI 设计的未来形态

晶状体聚焦

视觉辐辏调节冲突

读者服务

读者在阅读本书的过程中如果遇到问题，可以关注 “有艺” 公众号，通过公众号与我们取得联系。此外，通过关注“有艺” 公众号，您还可以获取更多的新书资讯、书单推荐、优惠活动等相关信息。

投稿、团购合作：请发邮件至 art@phei.com.cn。

扫一扫关注“有艺”